人工智能技术专业群系列教材

U0180315

深度学习技术应用

主 编◎ 耿韶光 张 波 刘 鹏

电子工业出版社

Publishing House of Electronics Industry

北京 · BEIJING

内 容 简 介

阅读本书需要具备一定的 Python 语言编程基础知识。编者充分调研了行业、企业对人才技术技能的需求，将教学过程和企业深度学习模型的训练与部署、人工智能应用开发等生产过程衔接，与企业一线工程人员共同研究学生需要掌握的职业理论知识和技能，同时参照人工智能深度学习工程应用职业技能等级证书要求，将证书和岗位需求充分融入本书。

本书可作为高等院校人工智能相关专业的教材，也可作为有关专业技术人员的培训教材，还可作为广大深度学习技术爱好者及包含深度学习相关业务的智能制造、智能零售、智慧安防、智慧交通、智慧农业、互联网企业等行业从业人员的参考书。

图书在版编目（CIP）数据

深度学习技术应用 / 耿韶光，张波，刘鹏主编. —北京：电子工业出版社，2024.3

ISBN 978-7-121-47485-9

Ⅰ. ①深… Ⅱ. ①耿… ②张… ③刘… Ⅲ. ①机器学习—高等学校—教材 Ⅳ. ①TP181

中国国家版本馆 CIP 数据核字（2024）第 054603 号

责任编辑：关雅莉　　　文字编辑：张志鹏
印　　刷：大厂回族自治县聚鑫印刷有限责任公司
装　　订：大厂回族自治县聚鑫印刷有限责任公司
出版发行：电子工业出版社
　　　　　北京市海淀区万寿路 173 信箱　邮编：100036
开　　本：787×1 092　1/16　印张：11.75　字数：301 千字
版　　次：2024 年 3 月第 1 版
印　　次：2024 年 3 月第 1 次印刷
定　　价：45.00 元

凡所购买电子工业出版社图书有缺损问题，请向购买书店调换。若书店售缺，请与本社发行部联系，联系及邮购电话：（010）88254888，88258888。

质量投诉请发邮件至 zlts@phei.com.cn，盗版侵权举报请发邮件至 dbqq@phei.com.cn。

本书咨询联系方式：（010）88254576，zhangzhp@phei.com.cn。

　　2011 年，斯坦福人工智能实验室主任吴恩达领导 Google 的科学家们使用 16000 台 PC 模仿人脑的神经构建出了一种神经网络程序，并向该程序输入了 1000 万段随机从 YouTube 上选取的视频，让程序对视频内容进行特征提取，对数据进行反复训练。结果，在完全没有外界干涉的情况下，程序识别出了猫脸。

　　通过这个案例，我们不难发现，这种程序的学习和传统意义上的机器学习不同。机器学习要求人工输入多种数据，将每种数据提前分类并打好标签，交给机器进行学习。机器通过学习这些数据的共同点，得出规律，再将规律应用于更大规模的数据。换言之，机器学习是一种有监督的学习机制，因为它需要人工进行数据筛选后，再将筛选的数据录入机器，通过机器对结果进行运算，总结规律，最终实现数据的预测。而程序的学习，即深度学习（Deep Learning），是一种无监督的学习模式。人类对外界环境的了解过程最终可以归结为一种单一算法，而人脑的神经元可以通过这种算法，分化出识别不同物体的能力，这个识别过程甚至完全不需要外界干涉。

　　深度学习技术是基于机器学习发展的，是多层次的、复杂的神经网络技术。其核心是模拟人脑的机制，程序通过事先对数据的特征学习及低层次特征向高层次特征的转换，获得"学习"的能力。神经网络最基本的单元是单神经元结构，这也是深度学习最基本的组成单元。

　　以识别猫脸为例：吴恩达在神经网络中输入了一个单词"cat"，这种神经网络中并没有词典，不了解这个单词的含义。但在观看了 1000 万段视频后，它最终确定，cat 就是那种毛茸茸的小动物。这个学习过程，与一个不懂英语的人（在没有任何人教他的情况下）通过独立观察学会"cat"的过程几乎一致。

　　上述案例是深度学习技术发展过程中具有里程碑性质的案例，该案例可以向读者形象地说明深度学习的基本思想。

　　编者有着多年一线的项目开发经验，通过项目开发与教学实践的融合，结合工程教育理念，编写了本书。本书模拟真实的任务环境，并以企业的实际需求、职业技能竞赛任务等内容来设计和组织实训项目，同时将国际化视野、国际化准则融入知识技能与职业素养培养，注重工学结合，将以工作过程为导向的教学活动与国际标准对接来培养读者的职业行动能力，拓展读者的知识技能视野广度。本书的程序设计采用 Python 3。全书内容循序渐进，按照初学者学习思路编排，条理性强，语言通俗，容易理解。为便于读者的自学和复习，本书配套教学资源为每章配备丰富的习题。

本书以深度学习神经网络的构建及深度学习模型的训练、部署与应用为背景，主要围绕一个利用深度学习神经网络实现图片分类与识别的应用项目展开，通过完整的人工智能应用项目，全面展示使用深度学习技术实现人工智能应用开发的全流程，实现在前、后端开发技术基础上拓展人工智能应用开发的外延目标。

本书中的项目拟对用户上传的动物图片进行分类识别，具体分为以下步骤。

（1）利用爬虫技术爬取互联网中的动物图片。

（2）对爬取的图片进行数据清洗及持久化存储。

（3）搭建深度学习平台与神经网络，搭建动物识别模型，并进行训练、优化、保存。

（4）搭建 Web 平台，采集用户上传的动物图片。

（5）调用训练好的模型对动物图片进行预测，获取预测结果并响应给用户，实现最终的识别。

在本书的编写过程中，得到了很多人的帮助和支持，在此感谢合作者们辛勤、严谨的劳动，感谢同事及学生对本书提出的意见和建议。

由于编者水平有限，因此书中难免存在不足之处，欢迎广大读者提出宝贵意见和建议。

编　者

CONTENTS 目 录

项目1
基于深度学习的动物图片分类与识别开发环境的搭建

项目情境

随着大数据和人工智能（AI）的快速发展，机器学习、深度学习、神经网络等名词逐渐出现在人们的面前。深度学习已经成为 AI 技术发展的中坚力量，战胜了世界围棋高手柯洁的 Alpha Go 的诞生也说明深度学习正在飞速发展。深度学习在语音识别、自然语言处理、计算机视觉等众多领域陆续取得了重大突破。可以说，人们现在的生活中有很多地方都会涉及深度学习。

人们所接收的外界信息中有 70% 来自其视觉感官系统，而计算机视觉是一门研究如何使机器"看"的科学，更进一步说，就是指用摄影机和 PC 代替人眼对目标进行识别、跟踪和测量等，并进一步对图像进行处理，使其成为更适合被人眼观察或传送给仪器检测的图片。计算机视觉分为跟踪、分割、目标检测、图片分类及识别技术，目标检测是其他计算机视觉技术的基础，只有保证了目标检测结果的类别及定位的准确性才能为跟踪及识别技术做保障。在大多数计算机视觉的实际应用中，计算机的功能被预设为解决特定的任务，然而基于机器学习的方法正日渐普及，一旦机器学习的研究进一步发展，未来"泛用性"的计算机视觉应用或许可以成真。

随着 AI 技术的大热，基于深度学习的人脸识别技术已成熟落地。基于 AI 原理训练出可应用于其他生物识别（如动物识别）的算法或将为市场带来生机，动物识别目前应用场景如下。

（1）AI 寻宠：AI 场景落地拥有深厚的技术优势和领先的行业洞察，通过鼻纹识别解决方案，AI 寻宠成为可能，这将助力城市中的宠物管理。

（2）猫狗识别：识别图片中是否有猫或狗的面部，适用于 AI 监控、城市宠物管理、智能宠物设备、智能宠物门禁等应用场景。

（3）宠物领养：宠物领养登记采用生物特征进行唯一身份确认，可防止宠物被遗弃，或解决宠物走失找回时遭遇的所属权纠纷问题。

项目分解

本项目的主要内容是 Python 的安装、Python 开发工具和插件的安装，共分为以下 4 个任务。

深度学习技术应用

学习目标

知识目标：

（1）了解计算机视觉的应用场景。

（2）了解 AI 应用开发的整体流程。

（3）根据项目需求，初步选择深度学习算法与技术路线。

能力目标：

能够根据业务需求，完成对深度学习产品的需求分析，制订深度学习行业解决方案及技术实施方案。

素养目标：

（1）培养软件开发工程的规范思维。

（2）培养整体和部分的辩证思维方式。

任务 1   在 Windows 系统中安装 Python

任务描述

Python 是一种高层次的结合了解释性、编译性、互动性和面向对象的脚本语言。本书的后续开发都需要使用 Python 来实现。相比其他语言（经常使用英文关键字），Python 的语法结构更有特色。

任务分析

1）技术分析

本任务的主要内容是在 Windows 系统中安装 Python，需要提前在官网上下载 Windows 版本的 Python 解释器，然后在 PC 中安装 Python，并测试其是否能够成功运行。

2）需要具备的职业素养

软件开发工程的规范思维。

任务实施

可以访问 Python 官网来下载 Python，Python 官网主页如图 1-1 所示。

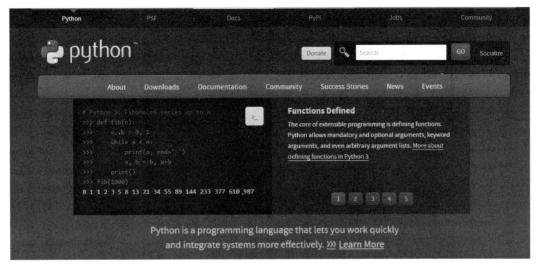

图 1-1　Python 官网主页

在 Python 官网主页单击"Downloads"选项卡，在下拉列表中选择"Windows"选项，在弹出的"Download for Windows"页面中选择 Python 版本，如图 1-2 所示，这里选择的 Python 版本是 Python 3.10.4。

Release version	Release date		Click for more
Python 3.9.13	May 17, 2022	Download	Release Notes
Python 3.10.4	March 24, 2022	Download	Release Notes
Python 3.9.12	March 23, 2022	Download	Release Notes
Python 3.10.3	March 16, 2022	Download	Release Notes
Python 3.9.11	March 16, 2022	Download	Release Notes
Python 3.8.13	March 16, 2022	Download	Release Notes
Python 3.7.13	March 16, 2022	Download	Release Notes
Python 3.9.10	Jan. 14, 2022	Download	Release Notes

图 1-2　选择 Python 版本

下载完成后，双击 Python 安装程序，Python 的安装界面如图 1-3 所示。

注意：此处一定要勾选"Add Python 3.10 to PATH"复选框，然后选择"Install Now"选项，即可安装 Python。

按图 1-4 所示进行复选框的勾选，然后单击"Next"按钮进行下一步操作。

设置 Python 解释器的安装路径。这里建议单击"Browse"按钮将 Python 解释器安装到其他目录中，单击"Install"按钮进行安装，如图 1-5 所示。

图1-3　Python 的安装界面

图1-4　复选框的勾选

图1-5　设置 Python 解释器的安装路径

安装完成后，出现"Setup was successful"窗口。此时，单击"Close"按钮，关闭 Python 的安装程序，如图 1-6 所示。

图 1-6　关闭 Python 的安装程序

检查 Python 的安装是否成功。按【Win+R】组合键，打开"运行"窗口，并在"打开"文本框中输入"cmd"，如图 1-7 所示。

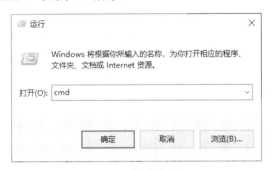

图 1-7　"运行"窗口

单击"确定"按钮，打开 cmd（命令提示符）窗口，输入"python"，并按【Enter】键，如图 1-8 所示。

图 1-8　cmd 窗口

如果出现图 1-9 中所示的内容，就说明 Python 在 Windows 系统中的安装成功了。

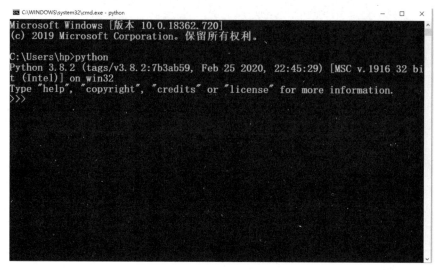

图1-9　Python 成功安装程序

在图 1-9 中出现了 3 个向右的箭头"＞＞＞"，这是提示用户输入的提示符。在本章及后面章节的代码中，如果出现这样的 3 个箭头，就表示代码是在图 1-9 所示的窗口中直接输入的。按【Ctrl+Z】组合键后，按【Enter】键，可以退出 Python 命令行。

任务 2　在 Linux 系统中安装 Python

Linux 的发行版本众多，本任务仅以 Ubuntu 系统为例来说明如何在 Linux 系统中安装 Python，使用其他版本 Linux 安装 Python 的方法请查阅官方说明。

Ubuntu 16.04 及以上的版本已经默认安装了 Python 2.7 和 Python 3.5（或更高的 Python 版本）。对于较低版本的 Ubuntu，系统一般自带 Python 2。

1）技术分析

本任务的主要内容是在 Linux 系统中安装 Python 解释器，由于很多公司服务器内部使用的都是 Linux 操作系统，因此当 Python 项目部署到服务器后，要求服务器必须安装 Python 解释器。因为市面上的大部分 PC 安装的是 Windows 系统，所以需要读者先在 PC 中自行安装虚拟机，然后在虚拟机中安装系统，从而在 Linux 系统中安装并运行 Python 解释器。

2）需要具备的职业素养

整体和部分的辩证思维方式。

任务实施

读者可以在 Ubuntu 终端中输入"python"命令，来查看系统自带的 Python 版本（或输入"python -V"命令），如图 1-10 所示（该系统自带的 Python 版本为 Python 2.7.12）。

```
hadoop@jianing-virtual-machine:~$ python
Python 2.7.12 (default, Apr 15 2020, 17:07:12)
[GCC 5.4.0 20160609] on linux2
Type "help", "copyright", "credits" or "license" for more in
formation.
>>>
```

图 1-10　在 Ubuntu 终端中查看系统自带的 Python 版本

若想查看系统是否安装了 Python 3，则可以输入"python3"命令，如图 1-11 所示（该系统已经安装了 Python 3.5.2）。按【Ctrl+Z】组合键，即可退出 Python 命令行。

```
hadoop@jianing-virtual-machine:~$ python3
Python 3.5.2 (default, Apr 16 2020, 17:47:17)
[GCC 5.4.0 20160609] on linux
Type "help", "copyright", "credits" or "license" for more in
formation.
>>>
```

图 1-11　在 Ubuntu 终端中查看系统是否安装了 Python 3

若当前系统自带的 Python 版本较低或尚未安装 Python 3，则需要在终端中输入一些命令来安装高版本的 Python。下面以安装 Python 3.6.1 为例来介绍在 Linux 系统中安装高版本的 Python 方法，安装命令如下。

```
$sudo add-apt-repository ppa:fkrull/deadsnakes
$sudo apt-get update
$sudo apt-get install python3.6 python3-dev python3-pip libxml2-dev
libffi-dev libssl-dev
```

以上 3 条安装命令的执行过程分别如图 1-12～图 1-14 所示。

```
hadoop@jianing-virtual-machine:~$ sudo add-apt-repository ppa:fkrull/deadsnakes
[sudo] hadoop 的密码：
This repository is kept for historical purposes, but NOT UPDATED. Please use the new repository at

https://launchpad.net/~deadsnakes/+archive/ubuntu/ppa

instead!
更多信息：https://launchpad.net/~fkrull/+archive/ubuntu/deadsnakes
按回车继续或者 Ctrl+c 取消添加

gpg: 钥匙环'/tmp/tmpv6g94lgy/secring.gpg'已建立
gpg: 钥匙环'/tmp/tmpv6g94lgy/pubring.gpg'已建立
gpg: 下载密钥'DB82666C'，从 hkp 服务器 keyserver.ubuntu.com
gpg: /tmp/tmpv6g94lgy/trustdb.gpg：建立了信任度数据库
gpg: 密钥 DB82666C：公钥"Launchpad Old Python Versions"已导入
gpg: 合计被处理的数量：1
gpg:            已导入：1  (RSA: 1)
OK
```

图 1-12　安装命令 1 的执行过程

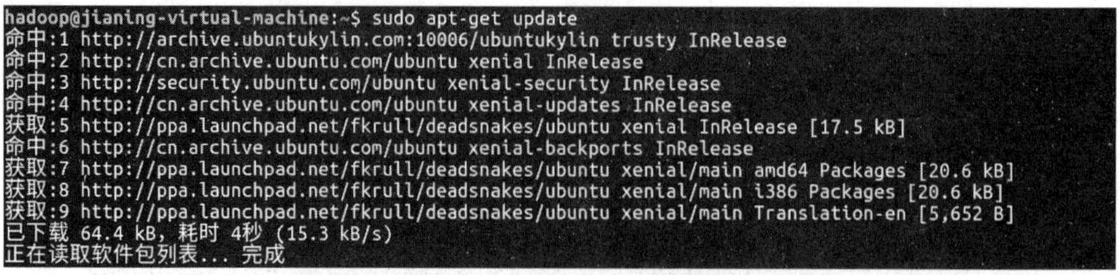

```
hadoop@jianing-virtual-machine:~$ sudo apt-get update
命中:1 http://archive.ubuntukylin.com:10006/ubuntukylin trusty InRelease
命中:2 http://cn.archive.ubuntu.com/ubuntu xenial InRelease
命中:3 http://security.ubuntu.com/ubuntu xenial-security InRelease
命中:4 http://cn.archive.ubuntu.com/ubuntu xenial-updates InRelease
获取:5 http://ppa.launchpad.net/fkrull/deadsnakes/ubuntu xenial InRelease [17.5 kB]
命中:6 http://cn.archive.ubuntu.com/ubuntu xenial-backports InRelease
获取:7 http://ppa.launchpad.net/fkrull/deadsnakes/ubuntu xenial/main amd64 Packages [20.6 kB]
获取:8 http://ppa.launchpad.net/fkrull/deadsnakes/ubuntu xenial/main i386 Packages [20.6 kB]
获取:9 http://ppa.launchpad.net/fkrull/deadsnakes/ubuntu xenial/main Translation-en [5,652 B]
已下载 64.4 kB，耗时 4秒 (15.3 kB/s)
正在读取软件包列表... 完成
```

图 1-13　安装命令 2 的执行过程

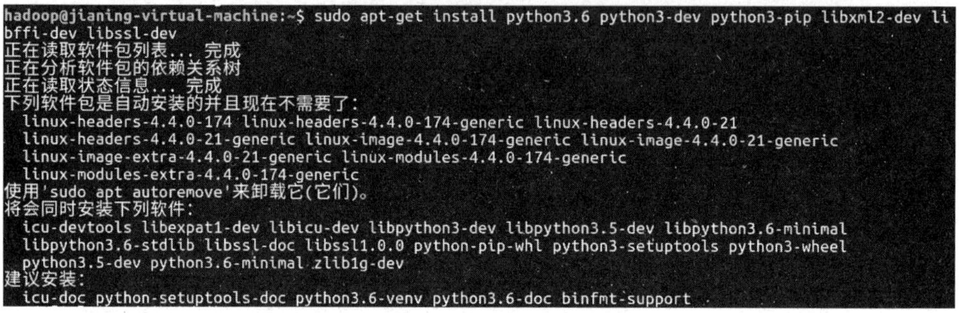

```
hadoop@jianing-virtual-machine:~$ sudo apt-get install python3.6 python3-dev python3-pip libxml2-dev li
bffi-dev libssl-dev
正在读取软件包列表... 完成
正在分析软件包的依赖关系树
正在读取状态信息... 完成
下列软件包是自动安装的并且现在不需要了:
  linux-headers-4.4.0-174 linux-headers-4.4.0-174-generic linux-headers-4.4.0-21
  linux-headers-4.4.0-21-generic linux-image-4.4.0-174-generic linux-image-4.4.0-21-generic
  linux-image-extra-4.4.0-21-generic linux-modules-4.4.0-174-generic
  linux-modules-extra-4.4.0-174-generic
使用'sudo apt autoremove'来卸载它(它们)。
将会同时安装下列软件:
  icu-devtools libexpat1-dev libicu-dev libpython3-dev libpython3.5-dev libpython3.6-minimal
  libpython3.6-stdlib libssl-doc libssl1.0.0 python-pip-whl python3-setuptools python3-wheel
  python3.5-dev python3.6-minimal zlib1g-dev
建议安装:
  icu-doc python-setuptools-doc python3.6-venv python3.6-doc binfmt-support
```

图 1-14　安装命令 3 的执行过程

在上述命令的执行过程中，系统会提示“您希望继续执行吗？[Y/N]”，此时需要输入“Y”，然后按【Enter】键，系统便会继续安装。由于安装过程中显示内容较多，图 1-12 中仅列出部分内容。

安装完毕后，系统中出现了多个版本的 Python，此时需要调整 Python 3 的优先级，使 Python 3.6 的优先级较高。在终端中输入以下指令。

```
    $sudo update-alternatives --install /usr/bin/python3 python3
/usr/bin/python3.6 2
```

指令执行完毕后，终端中出现“使用/usr/bin/python3.6 来在自动模式中提供/usr/bin/python3(python3)”的字样，如图 1-15 所示。

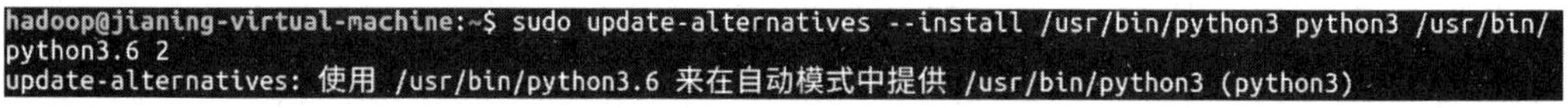

```
hadoop@jianing-virtual-machine:~$ sudo update-alternatives --install /usr/bin/python3 python3 /usr/bin/
python3.6 2
update-alternatives: 使用 /usr/bin/python3.6 来在自动模式中提供 /usr/bin/python3 (python3)
```

图 1-15　调整 Python 3 的优先级

更改 Python 版本的默认值。之前 Python 版本默认为 Python 2，现在把它修改为 Python 3，在终端中输入以下指令。

```
    $sudo update-alternatives --install /usr/bin/python python
/usr/bin/python2 100
    $sudo update-alternatives --install /usr/bin/python python
/usr/bin/python3 150
```

指令执行完毕后，Python 3 的优先级调整为最高，如图 1-16 所示。

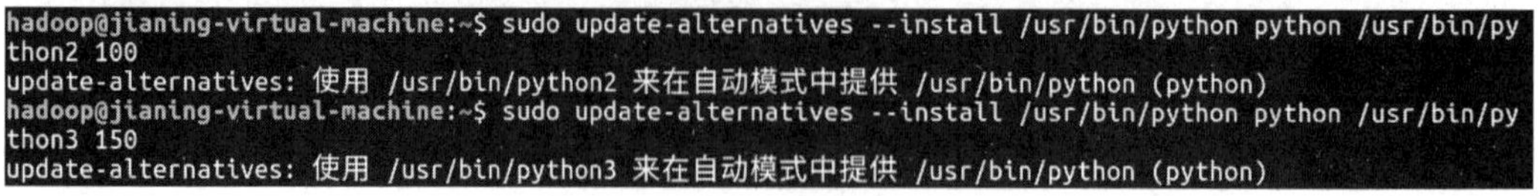

```
hadoop@jianing-virtual-machine:~$ sudo update-alternatives --install /usr/bin/python python /usr/bin/py
thon2 100
update-alternatives: 使用 /usr/bin/python2 来在自动模式中提供 /usr/bin/python (python)
hadoop@jianing-virtual-machine:~$ sudo update-alternatives --install /usr/bin/python python /usr/bin/py
thon3 150
update-alternatives: 使用 /usr/bin/python3 来在自动模式中提供 /usr/bin/python (python)
```

图 1-16　更改 Python 版本的默认值

上述指令执行完毕后，重新输入"python"命令查看版本，即可发现此时版本已经更新为 Python 3.6.*x*（此处的 *x* 表示数字），如图 1-17 所示。

```
hadoop@jianing-virtual-machine:~$ python
Python 3.6.2 (default, Jul 17 2017, 23:14:31)
[GCC 5.4.0 20160609] on linux
Type "help", "copyright", "credits" or "license" for more in
formation.
>>>
```

图 1-17　在 Ubuntu 终端中查看 Python 版本

需要注意的是，不同版本的 Linux 系统所需的安装命令不完全相同。另外，不建议读者卸载系统自带的 Python 版本。

任务 3　Anaconda 的安装

任务描述

本任务将重点介绍 Anaconda 的安装方法。

使用 Anaconda 可以便捷地获取第三方包，而且可以对这些包进行管理，同时可以对环境进行统一管理。Anaconda 包含 conda、Python 在内的超过 180 个科学包及其依赖项。Anaconda 具有如下特点。

（1）开源。

（2）安装过程简单。

（3）高性能使用 Python 和 R 语言。

（4）具有免费的社区支持。

任务分析

1）技术分析

本任务的主要内容是安装 Anaconda，由于 Python 的第三方库非常丰富且数量很多，所以在使用 Python 进行开发时，需要安装大量的第三方库，而 Anaconda 可以便捷地获取第三方库，通过 Anaconda 管理第三方库可以让使用者更加关注核心业务的开发。

2）需要具备的职业素养

认真细致、严谨负责的职业态度和习惯。

任务实施

1.3.1　环境安装

在 Anaconda 官网首页中单击"Download"按钮（见图 1-18），在弹出的新页面中，可以找到操作系统（Windows、macOS、Linux）对应的下载版本，有两个版本可供选择：

深度学习技术应用

Python 3.10 和 Python 2.10。可以选择下载 Python 3.10 到本地文件系统中。

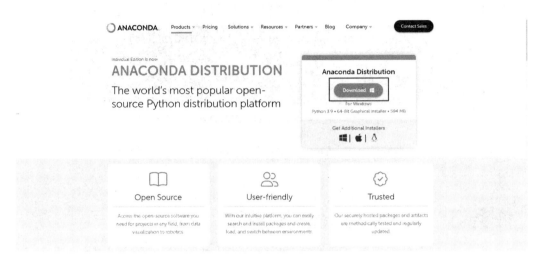

图 1-18　Anaconda 官网首页

　　Anaconda 的安装非常简单，本任务以 Windows 版本的 Anaconda 为例来进行说明。
　　双击从网站上下载的安装文件，出现图 1-19 所示的 Anaconda 的安装界面。在图 1-19
中，单击"Next"按钮，弹出"License Agreement"窗口，如图 1-20 所示。

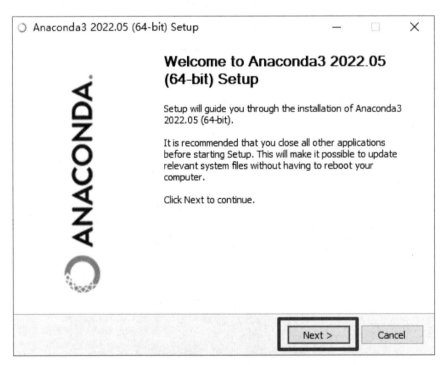

图 1-19　Anaconda 的安装界面

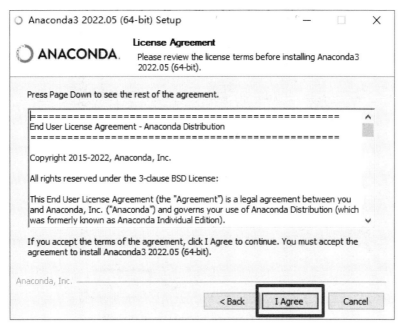

图 1-20　"License Agreement" 窗口

阅读完协议之后，单击 "I Agree" 按钮，弹出 "Select Installation Type" 窗口，此处勾选 "Just Me(recommended)" 复选框，如图 1-21 所示。

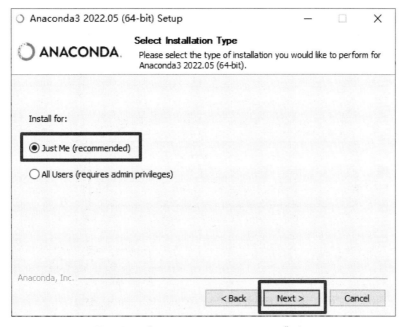

图 1-21　"Select Installation Type" 窗口

单击 "Next" 按钮，弹出 "Choose Install Location" 窗口，此处可以单击 "Browse..." 按钮选择 Anaconda 的安装路径，也可以直接使用默认安装路径，如图 1-22 所示。需要注意的是，安装路径中不能含有空格，同时也不能采用 Unicode 编码格式。

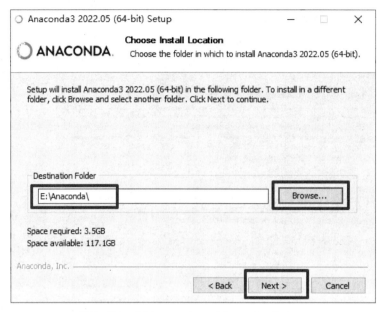

图 1-22 "Choose Install Location" 窗口

单击"Next"按钮，弹出"Advanced Installation Options"窗口，此处需要勾选"Register Anaconda3 as my default Python 3.9"复选框，可以实现环境变量的添加，如图 1-23 所示。

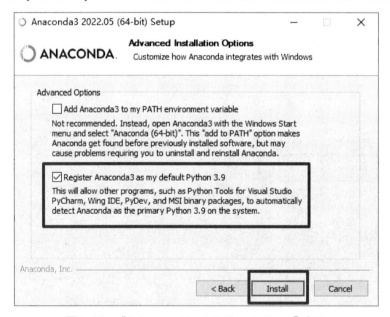

图 1-23 "Advanced Installation Options" 窗口

单击"Install"按钮，开始进行 Anaconda 的安装。

Anaconda 安装完成后，弹出"Completing Anaconda 3 2022.05(64-bit) Setup"窗口，如图 1-24 所示。此时单击"Finish"按钮，即可完成安装。

需要注意的是，若在安装过程中遇到问题，则可暂时关闭杀毒软件，并在安装程序完成之后再打开杀毒软件。

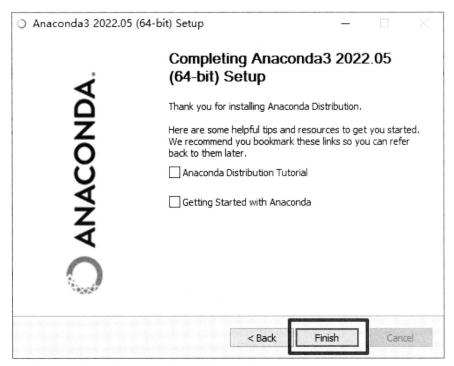

图 1-24　"Completing Anaconda3 2022.05(64-bit) Setup" 窗口

Anaconda 安装完成后，本地文件系统中增加了以下应用。

（1）Anaconda Navigator：用于管理工具包和环境的图形用户界面，后续涉及的众多管理命令也可以在 Anaconda Navigator 中手动实现。

（2）Jupyter Notebook：基于 Web 的交互式计算环境，可以编辑易于阅读的文档，用于展示数据分析的过程。

（3）Qtconsole：一个可执行 IPython 的仿终端图形界面程序。相比 Python Shell 界面，Qtconsole 可以直接显示代码生成的图形，实现多行代码的输入与执行，并内置许多功能和函数。

（4）Spyder：一个使用 Python 语言、跨平台的科学运算集成开发环境。

1.3.2　用 Anaconda 创建虚拟环境

Anaconda 自带一个名为 base 的环境。在打开 Anaconda 时，程序默认在 base 环境中运行。若 base 环境出现问题，则此时的 Anaconda 是不可用的。因此，为了规避风险，同时满足用户想要使用不同的 Python 版本并实现不同环境配置的需求，可以自行准备多个虚拟环境，这些虚拟环境之间完全独立，用户可以根据需求在不同的虚拟环境之间进行切换。当一个虚拟环境出现错误时，可以直接删除该虚拟环境，不会对其他虚拟环境产生负面影响。

接下来用 Anaconda 来创建独立的 Python 环境。双击 Anaconda Navigator (Anaconda3) 的图标，打开 Anaconda 主界面，如图 1-25 所示。

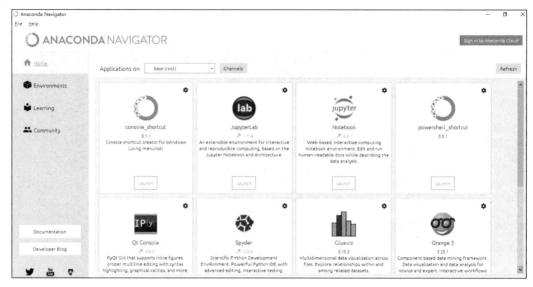

图 1-25　Anaconda 主界面

　　在左侧边栏中，选择"Environments"选项，在界面的底部单击"Create"按钮，此时弹出"Create new environment"对话框。在该对话框的"Name"文本框中输入虚拟环境名称，如"python"，同时在下拉列表中选择 Python 版本"3.10.4"，如图 1-26 所示。

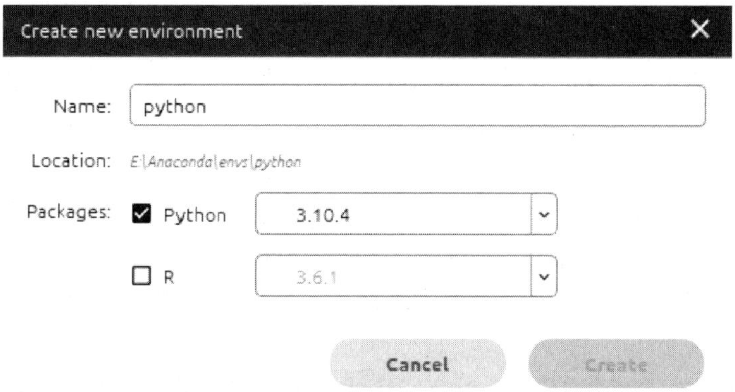

图 1-26　"Create new environment"对话框

　　设置完成后，单击"Create"按钮，此时系统开始准备虚拟环境，读者需要等待一段时间，Anaconda 会从网络中下载对应的安装包，同时完成虚拟环境的创建和基础包的安装。需要注意的是，此时要确保网络通畅，否则虚拟环境将创建失败。

　　在虚拟环境创建完成后，选择左侧边栏中的"Home"选项，回到主界面。此时在"Applications on"下拉列表中，可以看到刚才创建的 Python 环境，如图 1-27 所示。

　　此时，Python 环境已经创建完成，可以看到一些已经安装的应用程序。针对本书，建议读者选择 Spyder 安装工具作为编写程序的基础环境，如图 1-28 所示。

　　在 Spyder 安装完成后，含有 Spyder 的虚拟环境如图 1-29 所示，此时显示 Spyder 应用的状态为"Launch"。

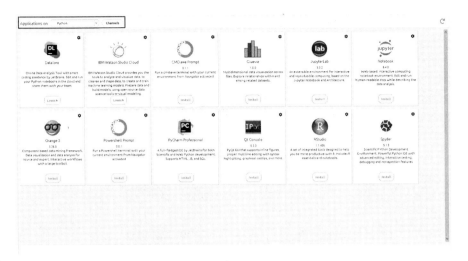

图 1-27　"Applications on" 下拉列表

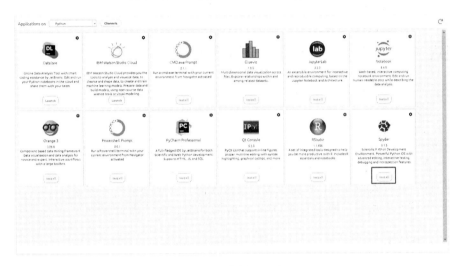

图 1-28　安装 Spyder

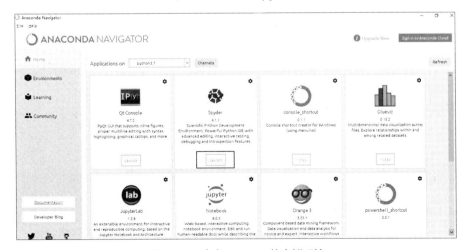

图 1-29　含有 Spyder 的虚拟环境

1.3.3　用 conda 创建虚拟环境

用 conda 创建虚拟环境的流程如下。

在命令行中输入：

```
conda create -n xxx python=3.6
```

xxx 为自己命名的虚拟环境名称，该文件可在 Anaconda 安装目录 "envs" 文件中找到。

使用激活（或切换不同 python 版本）的虚拟环境：

```
Linux: source activate your_env_name(虚拟环境名称)
Windows: activate your_env_name(虚拟环境名称)
```

在虚拟环境中安装额外的包：

```
conda install -n your_env_name [package]
```

关闭虚拟环境：

```
Linux: source deactivate
Windows: deactivate
```

任务 4　PyCharm 的安装

任务描述

PyCharm 是一种 Python IDE（Integrated Development Environment，集成开发环境），带有一整套可以帮助用户在使用 Python 语言开发时提高工作效率的工具，如调试、语法高亮、项目管理、代码跳转、智能提示、自动完成、单元测试、版本控制。此外，该 IDE 还提供了一些高级功能，用于支持 Django 框架下的专业 Web 开发。

任务分析

1）技术分析

本任务的主要内容是安装 Python 开发工具。Python 解释器安装完毕后，内置了一个 shell 窗口以允许使用者编写 Python 代码进行开发，但是此窗口比较简陋，代码也没有智能提示，所以需要一款专业、强大的编程工具来辅助使用者进行 Python 的开发，这需要在 PC 中提前安装 PyCharm 开发工具。

2）需要具备的职业素养

认认真真、尽职尽责的敬业精神。

任务实施

PyCharm 的下载界面如图 1-30 所示。

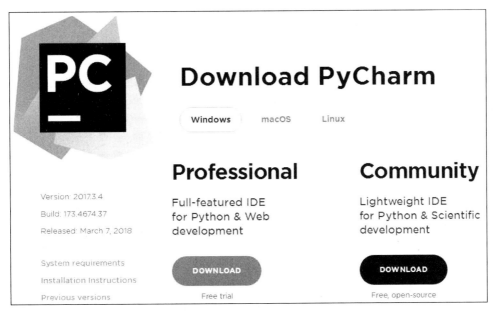

图 1-30 PyCharm 的下载界面

"Professional"表示专业版,"Community"表示社区版,这里推荐安装社区版,因为社区版是免费使用的。

双击从网站上下载的安装文件,启动安装窗口,此处可修改安装路径,如安装在 E 盘,修改完成后,单击"Next"按钮,进入下一步,如图 1-31 所示。

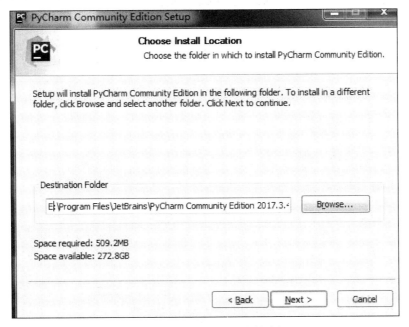

图 1-31 PyCharm 的安装路径

可以根据 PC 信息选择 32 位还是 64 位。单击"Next"按钮,如图 1-32 所示。

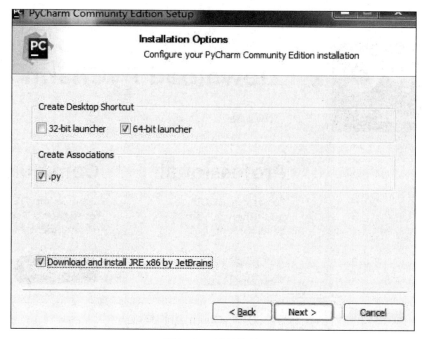

图 1-32　选择位数

单击"Install"按钮，如图 1-33 所示。

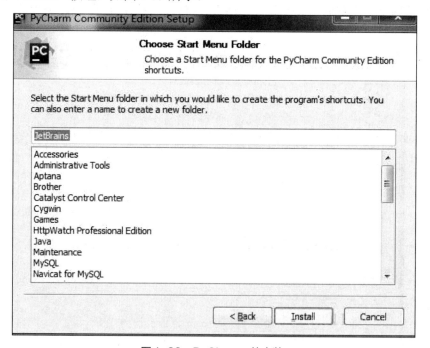

图 1-33　PyCharm 的安装

系统开始安装 PyCharm。需要注意的是，需要提前完成 Python 解释器的安装，否则后期的安装将会出现错误。

在 PyCharm 安装完毕后，即可进入 PyCharm 主界面，如图 1-34 所示。

图 1-34　PyCharm 主界面

单击"Create New Project"按钮，弹出"New Project"窗口，Location 是存放工程的路径，PyCharm 自动获取了已安装的 Python 版本，如图 1-35 所示。

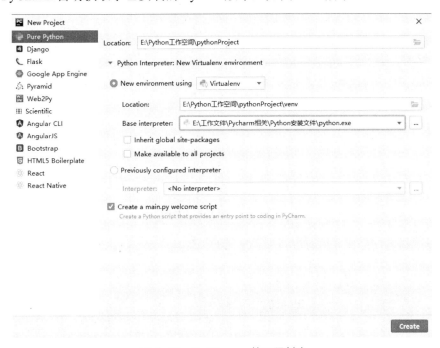

图 1-35　PyCharm 的工程创建

需要注意的是，选择的路径需要为空，否则无法创建，第二个 Location 使用默认的内容，单击"Create"按钮，此时出现图 1-36 所示的对话框，PyCharm 正在配置环境，单击"Close"按钮关掉对话框即可。

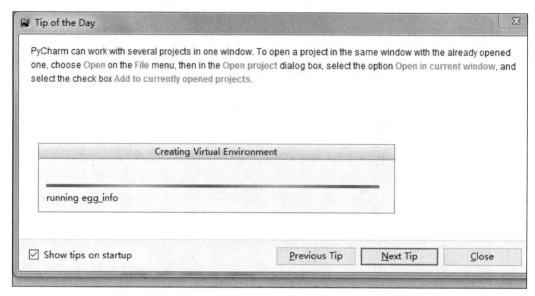

图1-36　PyCharm 的工程创建

建立编译环境，如图 1-37 所示。

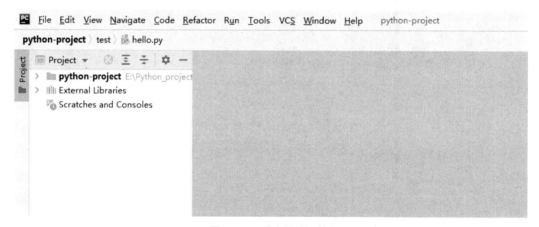

图1-37　建立编译环境

右击项目名称，在弹出的快捷菜单中选择"New"→"Python File"选项，如图 1-38 所示。

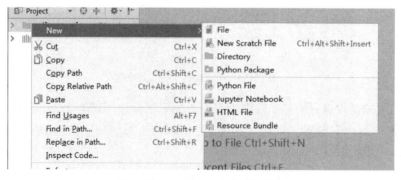

图1-38　PyCharm 的文件创建

为该文件添加文件名，如图 1-39 所示。

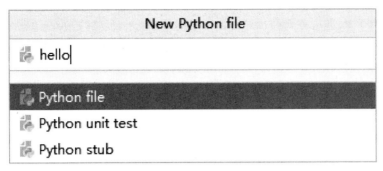

图1-39　PyCharm 的文件命名

系统会默认生成 hello.py，如图 1-40 所示。

图1-40　hello.py

至此，初始工作基本完成，可以继续编写 Python 程序。

 **任务小结**

思政小结

　　AI 应用开发的整体规划与各流程的有效划分需要的是整体到局部的协调。正所谓"不畏浮云遮望眼，自缘身在最高层"，坚持系统性、整体性、协同性等都是辩证思维方法的集中体现。AI 应用的开发就像是完成一个极其复杂的工程一样。以"两弹一星"工程为例，工程涉及中央和地方关系的协调、多部门协作、工程各部分之间的协调等，各种关系错综复杂，必须保证模块之间协同开发，完成从整体到局部的调配。

总结

本章介绍了 Python 开发环境的搭建和配置方法等。任务 1 介绍了在 Windows 系统中安装 Python 的方法；任务 2 介绍了在 Linux 系统中安装 Python 的方法；任务 3 介绍了 Anaconda 的安装和使用方法；任务 4 介绍了 PyCharm 的安装和使用方法。

项目 2
数据的准备

项目情境

为了能够对动物图片进行识别处理，本项目需要准备大量的猫狗图片，让机器学会从图片中提取特征，从而利用提取后的特征对用户上传的猫狗图片进行分类预测。为了保证项目的准确性，需要预先采集大量的猫狗图片作为初始数据，但是直接采集的数据可能会有错误或不具代表性，数据要经过清洗、分类，才能成为宝贵的资源。

数据的准备是整个动物图片识别过程中最重要的环节，只有将原始数据转换为方便操作、能够进行准确分析的数据后，它才具有代表性，才能够进行下一步操作。数据的准备大概分成以下几个步骤。

（1）数据的采集：准备数据的第一个步骤就是采集数据，通常是从非结构化源（如网页、PDF、假脱机文件、电子邮件等）中检索数据，本项目使用爬虫技术采集互联网中的猫狗图片用作基础数据。

（2）数据的标注：数据的标注是指通过检查现有数据格式和结构来提高数据质量，对数据贴标签进行分类。数据的标注有助于对数据质量进行评估，防止数据集出现不平衡或配置不当的情况。

（3）数据的清洗：数据的清洗可确保数据纯净、准确、无误差，不仅可以检测文本和数字的异常值，还可以检测图片中无关的像素，保证在进行后续的模型训练时误差降至最低。

（4）数据的转换：数据的转换是指对数据进行转换从而使其结构更加匀称的过程。数据的转换不仅可以保证操作数据更易于处理，而且有助于实现标准化和规范化。

（5）数据的匿名化：数据的匿名化是指从数据集中删除或加密个人信息以保护隐私的过程。

（6）数据的扩充：数据的扩充可以使训练模型的数据多样化。

项目分解

本项目主要通过爬虫技术采集互联网中的猫狗图片，通过数据的清洗、数据的持久化存储、数据的标注等流程最终确保数据的准确性与权威性，以用于后续的神经网络模型训练。本项目共分为以下 3 个任务。

任务 1　数据的爬取与清洗

任务 2　数据的持久化存储

任务 3　数据的标注与数据集的制作

深度学习技术应用

 学习目标

知识目标：

（1）熟悉数据爬取基本库（Requests 库）的常用函数。

（2）熟悉 Requests 库请求头的设定。

（3）能够利用 Requests 库发送请求，获取服务端响应的网页源码。

（4）熟悉 BeautifulSoup 库的常用函数，能够使用 BeautifulSoup 库解析网页源码。

（5）能够利用正则表达式和 BeautifulSoup 库的常用函数对获取的网页源码进行数据清洗，获取最终的图片结果。

（6）利用 IO 技术将爬取的图片信息存储到本地。

（7）熟悉 MySQL 数据库的安装和可视化工具 Navicat 的使用。

（8）熟悉 MySQL 数据库表结构的创建和使用。

（9）熟悉 SQL 语言的基本语法构成，能够利用 SQL 语言实现对表中数据的"增删改"操作。

（10）熟悉 SQL 语言的基本查询语法并能够查询出指定的数据内容。

（11）熟悉 SQL 语言的常用函数，能够利用这些函数对查询结果进行简单处理。

（12）熟悉 OpenCV 模块的常用方法。

（13）熟悉利用 OpenCV 加载图片、标注图片的基本流程。

能力目标：

能够依据业务要求，通过数据市场或开源数据采集渠道，进行数据的采集、清洗；能够利用合适的工具完成符合标注质量标准的图片标注任务。

素养目标：

（1）培养学生的团队协作精神。

（2）培养学生认真细致、严谨负责的职业态度和习惯。

（3）培养学生按照项目规范完成项目流程的职业素养。

（4）培养学生的劳动习惯。

（5）培养学生内心笃定而着眼于细节的耐心、执着、坚持的素养。

任务 1 数据的爬取与清洗

 任务描述

网络爬虫又称网络蜘蛛、网络机器人，可以按照一定的规则自动浏览、检索网页内部有用的信息，并进行提取处理。网络爬虫能够模拟客户端发送请求，通过接收服务器响应的网页源代码将所需要的数据爬取下来，对爬取的数据进行处理后，可以提取出有价值的信息。本任务借助 Python 提供的爬虫技术相关模块和方法对百度图片中的猫狗图片进行爬取操作。

任务分析

1）技术分析

爬虫的基本原理就是通过模拟客户端发送请求，获取服务端响应的网页源代码，对网页源代码进行解析后提取有价值的信息。网页的请求和响应方式分别用 Request 和 Response 表示。

Request：用户将自己的信息通过浏览器发送给服务器。

Response：服务器接收请求，分析用户发来的请求信息，收到请求信息后返回数据（返回的数据中可能包含其他链接，如 image、js、css 等）。

浏览器在接收 Response 后，会解析其内容来显示给用户，而爬虫程序在模拟浏览器发送请求并接收 Response 后，会提取其中的有用数据。图 2-1 为爬虫基本流程。

图 2-1　爬虫基本流程

2）需要具备的职业素养

能够根据业务要求，使用 Python 从网络中采集合适数据，对采集的数据文件进行格式规范及存储操作。

2.1.1　第三方库的安装

在开发之前，需要先安装爬虫相关的第三方库，本任务主要介绍在 Windows 系统中安装 Requests 库及在 PyCharm 中安装 Requests 库两种方法。因为 Requests 库不是 Python 的标准库，所以需要用户自行安装。它的安装过程比较简单，可以直接通过 pip 工具进行安装，安装命令如下。

```
> pip install requests
```

输入上述命令后，开始下载并安装 Requests 库。当 Requests 库安装完成后，自动退出安装环境，若提示 "Successfully installed requests……"，如图 2-2 所示，则说明此时已经完成 Requests 库的安装；若提示 "Required already satisfied……"，如图 2.3 所示，则说明此时已经安装过 Requests 库，无须再次进行安装。

下面需要验证 Requests 库的安装是否正确，在 Anaconda Prompt（Anaconda3）工具中输入命令 "python"，进入 Python 环境，在光标处输入命令 "import requests"，按【Enter】键。若系统没有任何提示，如图 2-4 所示，则说明此时的安装是正确的；若出现错误提示，则说明 Requests 库的安装存在问题，需要仔细检查安装的命令是否正确，或者卸载 Requests 库后进行第二次安装。

```
(python3.7) C:\Users>pip install requests
Collecting requests
  Using cached requests-2.23.0-py2.py3-none-any.whl (58 kB)
Requirement already satisfied: chardet<4,>=3.0.2 in c:\users\hp
\anaconda3\envs\python3.7\lib\site-packages (from requests) (3.
0.4)
Requirement already satisfied: certifi>=2017.4.17 in c:\users\h
p\anaconda3\envs\python3.7\lib\site-packages (from requests) (2
019.11.28)
Requirement already satisfied: idna<3,>=2.5 in c:\users\hp\anac
onda3\envs\python3.7\lib\site-packages (from requests) (2.9)
Requirement already satisfied: urllib3!=1.25.0,!=1.25.1,<1.26,>
=1.21.1 in c:\users\hp\anaconda3\envs\python3.7\lib\site-packag
es (from requests) (1.25.8)
Installing collected packages: requests
Successfully installed requests-2.23.0
```

图 2-2　初次安装 Requests 库

```
(python3.7) C:\Users>pip install requests
Requirement already satisfied: requests in c:\users\hp\anaconda
3\envs\python3.7\lib\site-packages (2.23.0)
Requirement already satisfied: certifi>=2017.4.17 in c:\users\h
p\anaconda3\envs\python3.7\lib\site-packages (from requests) (2
019.11.28)
Requirement already satisfied: chardet<4,>=3.0.2 in c:\users\hp
\anaconda3\envs\python3.7\lib\site-packages (from requests) (3.
0.4)
Requirement already satisfied: urllib3!=1.25.0,!=1.25.1,<1.26,>
=1.21.1 in c:\users\hp\anaconda3\envs\python3.7\lib\site-packag
es (from requests) (1.25.8)
Requirement already satisfied: idna<3,>=2.5 in c:\users\hp\anac
onda3\envs\python3.7\lib\site-packages (from requests) (2.9)
```

图 2-3　已经安装过 Requests 库

```
(python3.7) C:\Users>python
Python 3.7.0 (default, Jun 28 2018, 08:04:48) [MSC v.1912 64 bi
t (AMD64)] :: Anaconda, Inc. on win32
Type "help", "copyright", "credits" or "license" for more infor
mation.
>>> import requests
>>>
```

图 2-4　验证 Requests 库的安装是否正确

　　接下来演示在 PyCharm 中如何安装 Requests 库。打开 PyCharm，单击左上角的"File"按钮，单击"Settings"按钮，打开"Settings"窗口，在"Settings"窗口中选择"Python Interpreter"选项来查看当前项目中已经导入的所有模块，单击"+"按钮来安装新的模块，如图 2-5 所示。

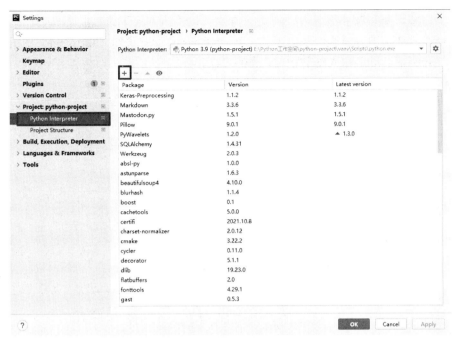

图 2-5　安装新的模块

在搜索框内输入指定模块名"requests"，单击下方的"Install Package"按钮即可完成 repuests 模块的安装，如图 2-6 所示。后续所有模块的安装参照此流程即可。

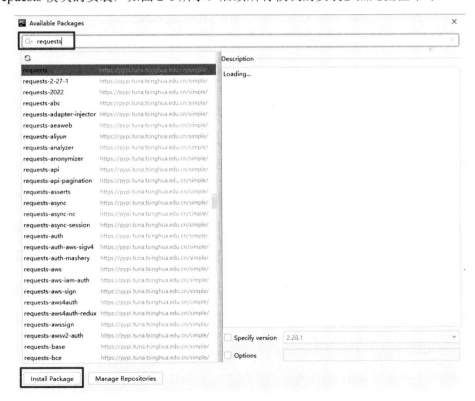

图 2-6　安装 requests 模块

对于有些可能在国外服务器中的第三方库，以正常方式下载可能会导致连接超时，可以选择通过连接国内镜像服务器下载。在 PyCharm 下方找到"Terminal"按钮，单击该按钮打开终端，准备输入安装指令，如图 2-7 所示。

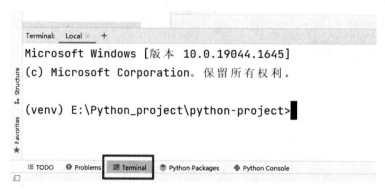

图 2-7　准备输入安装指令

在终端内输入以下命令。

```
pip install -i https://pypi.tuna.tsinghua.edu.cn/simple 模块名
```

该命令可实现连接国内镜像服务器下载 Python 所需的第三方库。下载 requests 模块的相关代码如图 2-8 所示。

图 2-8　下载 requests 模块的相关代码

2.1.2　使用 Requests 库爬取数据

Requests 库是在 urllib 库的基础上使用 Python 编写的爬虫库，采用 Apache2 Licensed 开源的 HTTP。相比于 urllib 库，Requests 库更加方便，可以节约大量的爬虫工作，完全满足 HTTP 的测试需求。

Requests 库中包含 7 个常用的方法，如表 2-1 所示。

表 2-1　Requests 库中的常用方法

方　　法	说　　明
requests.request()	构造一个请求，是最基本的方法，是后续方法的支持
requests.get()	获取网页，对应 HTTP 中的 GET 方法
requests.post()	向网页提交信息，对应 HTTP 中的 POST 方法
requests.head()	获取网页的头部信息，对应 HTTP 中的 HEAD 方法
requests.put()	向网页提交 put 请求，对应 HTTP 中的 PUT 方法
requests.patch()	向网页提交局部修改的请求，对应 HTTP 中的 PATCH 方法
requests.delete()	向网页提交删除请求，对应 HTTP 中的 DELETE 方法

下面介绍 Requests 库中部分方法的具体应用。

1）requests.request()方法

Requests 库中有很多方法，但所有的方法在底层都是通过调用 requests.request()方法来实现的。因此，严格来说，Requests 库只有 requests.request()方法，但一般不会直接使用这个方法，可以使用其他更加简便的方法。

requests.request()方法的基本语法：

```
requests.request(method,url,**kwargs)
```

参数说明：

- method：请求方式，可选参数有 get、post、head、put、patch、delete 等请求方式。
- url：拟获取页面的 URL 链接。
- **kwargs：控制访问参数，共有 13 个，均为可选项。常用控制访问参数及其说明如表 2-2 所示。

表 2-2　常用控制访问参数及其说明

控制访问参数	说　　明
params	字典或字节序列，作为参数增加到 URL 中
data	字典、字节序列或文件对象，作为 Requests 库的内容
json	JSON 格式的数据，作为 Requests 库的内容
headers	字典，HTTP 定制头部信息
cookies	字典或 CookieJar，Requests 库中的 cookies
files	字典，用于传输的文件
timeout	设定超时时间，以秒为单位
proxies	字典，设定访问代理服务器，可以增加登录认证
allow_redirects	True/False，默认为 True，重定向开关
stream	True/False，默认为 True，获取内容立即下载开关
verify	True/False，默认为 True，认证 SSL 开关
cert	本地 SSL
auth	元组，支持 HTTP 认证功能

2）requests.get()方法

requests.get()方法的基本语法：

```
requests.get(url,params=None,**kwargs)
```

参数说明：

- url：拟获取页面的 URL 链接。
- params：URL 中的额外参数，字典或字节序列，可选项。
- **kwargs：控制访问参数，共有 12 个，均为可选项。requests.get()方法与 requests.request()方法的控制访问参数相比，缺少 params 参数，其余12 个参数的使用方法与 requests.request()相同。

3）requests.post()方法

requests.post()方法的基本语法：

```
requests.post(url,data=None,json=None,**kwargs)
```

参数说明：

● url：拟更新页面的 URL 链接。

● data：字典、字节序列或文件对象，作为 Requests 库的内容。

● json：JSON 格式的数据，作为 Requests 库的内容。

● **kwargs：控制访问参数，共有 11 个，均为可选项。requests.post()方法与
requests.request()方法的控制访问参数相比，缺少 data 和 json 参数，其余 11 个参
数的使用方法与 requests.request()方法相同。

4）requests.head()方法

requests.head()方法的基本语法：

```
requests. head (url,**kwargs)
```

参数说明：

● url：拟获取页面的 URL 链接。

● **kwargs：控制访问参数，共有 12 个，均为可选项。requests.head()方法与
requests.request()方法的控制访问参数相比，缺少 params 参数，其余 12 个参数的
使用方法与 requests.request()方法相同。

使用 Requests 库发送网络请求非常简单。先导入 Requests 库：

```
>>> import requests
```

然后尝试获取某个网页，本例中尝试获取豆瓣网站的首页：

```
>>> r = requests.get('https://www.douban.com/')
```

现在，使用 requests.get()方法获得了一个名为"r"的 Response 对象，可以从这个对
象中获取豆瓣网站首页的信息。这里使用的是 HTTP 请求中的 GET 方法。实际上，还可
以使用 requests.post()方法实现：

```
>>> r = requests.post('https://www.douban.com/')
```

在 Requests 库中有一个非常重要的对象，即生成的 Response 对象，它是一个包含服
务器资源的对象。Response 对象属性及其说明如表 2-3 所示。

表 2-3 Response 对象属性及其说明

属　　性	说　　明
r.status_code	HTTP 请求返回响应状态码，200 表示成功
r.text	HTTP 响应的字符串形式，即 URL 对应的页面内容
r.encoding	从 HTTP headers 中猜测的响应内容的编码方式
r.apparent_encoding	从内容中分析响应内容的编码方式（备选编码方式）
r.content	HTTP 响应内容的二进制形式
r.headers	HTTP 响应内容的头部内容

2.1.3 使用 Requests 库爬取数据的异常处理

在进行网络访问时，经常会遇到各种错误的情况，Requests 库的主要异常情况及其
说明如表 2-4 所示。

表 2-4　Requests 库的主要异常情况及其说明

异 常 情 况	说　　明
requests.ConnectionError	网络连接异常，如 DNS 查询失败、拒绝连接等
requests.HTTPError	HTTP 错误异常
requests.URLRequired	URL 缺失异常
requests.TooManyRedirects	超过最大重定向次数，产生重定向异常
requests.ConnectTimeout	连接远程服务器超时异常
requests.Timeout	请求 URL 超时，产生超时异常

当使用 Requests 库的方法提交请求后，会获得一个 Response 对象，会返回所有内容或抛出异常。那么，该如何判定 Response 对象是哪种情况呢？在返回的 Response 对象中，response.raise_for_status()方法的作用是当访问网页后的 HTTP 响应状态码不是 200 时，产生一个 requests.HTTPError。

因此，需要逐个判断响应状态码不是 200 的情况。在大批量爬取网页内容时，只要出现 HTTPError 异常，就直接记录或跳过当前页面，待爬取完所有数据后再进行异常处理。基于这种思路，可以设计爬取网页的通用代码结构：

```
def getHTMLText(url):
    try:
        r=requests.get(url,timeout30)
        r.raise_for_status()   #若响应状态码不是200，则引发HTTPError异常
        r.encoding = r.apparent_encoding
        return r.text
    except:
        return  #产生异常
```

上述通用代码结构中，在 r.raise_for_status()方法内部判断 r.status_code 是否等于 200。若返回的值不是 200，则该语句可直接引发 HTTPError 异常，利用 try-except 进行异常处理，甚至不需要增加额外的 if 语句。

2.1.4　使用 Requests 库爬取数据的高级设置

添加 HTTP 头部

由于网站通过读取头部的信息来判断当前的请求方是正常的浏览器还是一个爬虫程序，因此，可以在请求时添加 HTTP 头部来将爬虫程序伪装成正常的浏览器。

若想添加 HTTP 头部，只要简单地给 headers 参数传递一个字典类型的变量即可。以下给出一些添加 HTTP 头部的策略。

设置超时

超时是发送的请求能够容忍的最大时间，如果在爬取网页的过程中超时，服务器还没有响应数据，那么这次请求就是一次失败的访问，爬虫也就不会再继续等待请求的结果。

在 Requests 库中，使用 timeout 参数设定超时，满足条件时就会停止响应。目前，大部分生产环境中的程序都会设置超时。若不使用 timeout 参数，则程序可能会一直等

待响应。

传递参数

在向服务器发送请求时，经常会通过 URL 地址向对方传递某种数据，如实现查询的功能等。此时，向服务器请求的地址也会发生变化。针对这种形式的数据传递，主要有两种解决方法：传递 URL 参数和传递 body 参数。

1）传递 URL 参数

通过 URL 传递参数时，查询的数据会以键值对的形式放置于 URL，紧跟在一个问号（?）的后面。Requests 库允许在 GET 请求中使用查询字符串来进行参数传递，此时需要使用 params 关键字，以一个字符串字典的形式提供参数。

2）传递 body 参数

使用 requests.get()方法可以实现 body 参数的传递，但一般只应用于简单的查询、统计等操作，在面临复杂的 body 参数传递时，一般使用 post 请求来实现。在 post 请求里有两个参数：data 和 json。其中，data 使用 form 表单格式；json 使用 json 格式的 content-type。

若服务器返回的值是 json 格式的，则可以使用 r.json()进行初步解析；若无法确定返回数据的格式，则可以使用 r.text 方法获取数据，该方法既支持 json 格式的数据，也支持 html 格式的数据。

2.1.5 网页基本结构

由于爬虫技术是先通过模拟用户的浏览器发送伪请求，从而获取服务器端响应的网页源代码，再通过解析网页源代码来提取有效数据的一种技术，因此需要开发者对网页的基本结构有一定的了解。

网页一般由三个部分组成，分别是 HTML（超文本标记语言）、CSS（层叠样式表）和 JavaScript（简称 JS，一种动态脚本语言），这 3 个部分在网页中分别承担着不同的任务。

HTML：负责定义网页的内容。

CSS：负责描述网页的布局。

JavaScript：负责网页的行为。

HTML 是网页的基本结构，是网页构成的基本语言，根据语法格式的不同，HTML 将代码分为标签、属性、文本三大结构。

标签：通过<标签名></标签名>声明，简化为通过<标签名/>声明。

属性：通过<标签名 属性名="属性值" 属性名="属性值"></标签名>声明。

文本：通过<标签名>文字</标签名>声明。

图 2-9 和图 2-10 所示分别为 HTML 代码和经过浏览器解析后的网页效果，不同的标签经过浏览器解析后会出现不同的网页效果。

```
<!DOCTYPE html>
<html>
    <head>
        <meta charset="UTF-8">
        <title></title>
    </head>
    <body>
        <h1>Python爬虫技术</h1>
        <h3>网页基本构成</h3>
        <ul>
            <li>HTML</li>
            <li>CSS</li>
            <li>JavaScript</li>
        </ul>
    </body>
</html>
```

图 2-9　HTML 代码

Python爬虫技术

网页基本构成

- HTML
- CSS
- JavaScript

图 2-10　经过浏览器解析后的网页效果

CSS 用来对 HTML 构建的网页进行美化操作，一般给 HTML 标签添加 id 或 class 属性，再通过 CSS 选择器选中指定标签来添加样式。图 2-11 和图 2-12 所示分别为 CSS 代码和添加 CSS 代码后的网页效果（图 2-12 中的字体为红色）。

JavaScript 负责描述网页的行为，如交互的内容和各种特效等都可以使用 JavaScript 来实现。通过其他方式也可以实现上述功能，如 jQuery 和一些前端框架（如 vue、React 等），不过它们都是在 JavaScript 的基础上实现的。

```
<!DOCTYPE html>
<html>
    <head>
        <meta charset="UTF-8">
        <title></title>
        <style>
            .li {
                color: red;
            }
        </style>
    </head>
    <body>
        <h1>Python爬虫技术</h1>
        <h3>网页基本构成</h3>
        <ul>
            <li class="li">HTML</li>
            <li class="li">CSS</li>
            <li class="li">JavaScript</li>
        </ul>
    </body>
</html>
```

图 2-11　CSS 代码

Python爬虫技术

网页基本构成

- HTML
- CSS
- JavaScript

图 2-12　添加 CSS 代码后的网页效果

2.1.6　使用浏览器开发者工具查看网页信息

一个优秀的爬虫工程师要善于发现网页元素的规律，并且能从中提炼出有效的信息。因此，在动手编写爬虫程序前，必须对网页元素进行审查。本节将讲解如何使用浏览器审查网页元素。浏览器自带检查元素的功能，不同的浏览器对该功能的叫法不同，Chrome

浏览器称其为"检查",而 Firefox 浏览器则称其为"查看元素"。虽然叫法不同,但它们的功能却是相同的,本书推荐使用 Chrome 浏览器。

Chrome 浏览器提供了一个非常便利的开发者工具,广大 Web 开发者可以使用该工具查看网页元素、请求资源列表等。本任务以具体网站为例介绍了 Chrome 浏览器开发者工具的基本使用方法。

想要打开 Chrome 浏览器开发者工具,可以右击 Chrome 浏览器页面,在弹出的快捷菜单中选择"检查"选项,如图 2-13 所示;也可以单击浏览器右上角的快捷菜单,选择"更多工具"→"开发者工具"选项,如图 2-14 所示;还可以按【F12】键打开此工具。

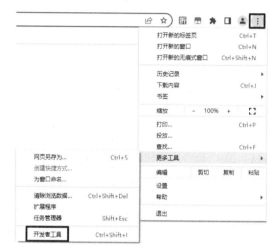

图 2-13 打开 Chrome 浏览器开发者工具 1　　　　图 2-14 打开 Chrome 浏览器开发者工具 2

Chrome 浏览器开发者工具界面共包括 9 个模块,如图 2-15 所示。根据打开方式的不同,模块可能位于浏览器的右侧或下侧等位置。

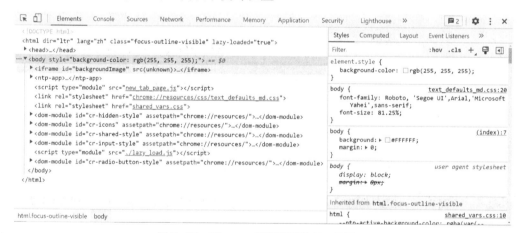

图 2-15 Chrome 浏览器开发者工具界面

Chrome 浏览器开发者工具最常用的 4 个模块:Elements(元素)、Console(控制台)、Sources(源代码)、Network(网络)。下面分别详细介绍它们的功能。

Elements:用于查看或修改 HTML 属性、CSS 属性、监听事件、断点等。CSS 可以即时修改并显示,为开发者调试程序提供了便利。

Console：用于执行一次性的代码，可查看 JavaScript 对象、调试日志信息或异常信息。

Sources：用于查看页面的 HTML 源代码、JavaScript 源代码、CSS 源代码，可以调试 JavaScript 源代码，可以给 JavaScript 源代码添加断点等。

Network：用于查看 headers 等与网络连接相关的信息。

下面重点说明 Network 模块的具体操作方法。

对于爬虫来说，Network 模块主要用于查看页面加载时读取的各项资源，如图片、HTML、JavaScript、页面样式等详细信息，通过单击某个资源便可以查看这个资源的详细信息。

在切换至 Network 模块后，需要重新加载页面，之后在资源文件夹中单击任意资源，将在开发者工具中间部分显示该资源的 Headers（头部信息）、Preview（预览）、Response（响应）和 Timing（时间）等信息。

根据所选资源的类型，显示信息也不尽相同，常见的标签信息如下。

（1）Headers 标签列出了资源的请求 URL、HTTP 方法、响应状态码、请求头和响应头及它们各自的值、请求参数等详细信息，如图 2-16 所示。

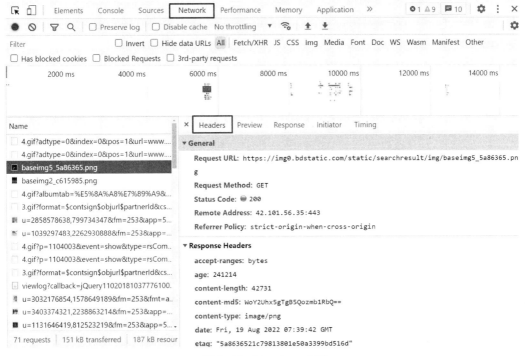

图 2-16　Headers 标签

（2）Preview 标签可以根据所选择的资源类型（JSON、图片、文本）来显示对应的预览信息，如图 2-17 所示。

（3）Response 标签可以显示 HTTP 的响应信息，如图 2-18 所示。响应对象中一般包含网页中的 HTML、CSS、JavaScript 源码信息。

图 2-17　Preview 标签

图 2-18　Response 标签

2.1.7　使用正则表达式解析网页

正则表达式是一个特殊的字符序列，能帮助检查一个字符串是否与某种模式匹配。Python 自 1.5 版本起增加了 re 模块，该模块提供 Perl 风格的正则表达式模式。re 模块使 Python 语言拥有全部的正则表达式功能。

compile 函数能根据一个模式字符串和可选的标志参数生成一个正则表达式对象。该对象拥有一系列方法，可用于正则表达式匹配和替换。re 模块也提供了与这些方法功能完全一致的函数，这些函数使用一个模式字符串作为它们的第一个参数。

1）re.match

re.match 尝试从字符串的起始位置匹配一个模式，如果不是起始位置匹配成功的话，match()就返回 none。re.match 的语法：

```
re.match(pattern, string, flags=0)
```

参数说明：

- pattern：匹配的正则表达式
- string：要匹配的字符串。
- flags：标志位，用于控制正则表达式的匹配方式，如是否区分大小写及多行匹配等。可以使用 group(num)或 groups()匹配对象函数来获取匹配表达式。
- group(num=0)：匹配的整个表达式的字符串，group()可以一次输入多个小组号，在这种情况下它将返回一个包含那些小组所对应值的元组。

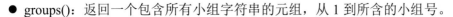

- groups()：返回一个包含所有小组字符串的元组，从 1 到所含的小组号。

2）re.search

re.search 扫描整个字符串并返回第一个成功匹配的字符串。re.search 的语法：

```
re.search(pattern, string, flags=0)
```

参数说明：

- pattern：匹配的正则表达式。
- string：要匹配的字符串。
- flags：标志位，用于控制正则表达式的匹配方式，如是否区分大小写及多行匹配等。

3）re.findall

在字符串中找到正则表达式所匹配的所有字符串，并返回一个列表，若没有找到匹配的，则返回空列表。re.findall 的语法：

```
findall(string[, pos[, endpos]])
```

参数说明：

- string：待匹配的字符串。
- pos：可选参数，指定字符串的起始位置，默认为 0。
- endpos：可选参数，指定字符串的结束位置，默认为字符串的长度。

4）正则表达式模式

模式字符串使用特殊的语法来表示一个正则表达式。字母和数字表示它们自身。一个正则表达式模式中的字母和数字匹配同样的字符串。多数字母和数字在前面加一个反斜杠时会拥有不同的含义。标点符号只有被转义时才匹配自身，否则它们表示特殊的含义。反斜杠本身需要使用反斜杠转义。由于正则表达式通常包含反斜杠，因此最好使用原始字符串来表示它们。模式元素（如 r'\t'，等价于 '\\t'）匹配相应的特殊字符。

表 2-5 所示为正则表达式模式语法中的特殊元素。如果在使用某个模式的同时提供了可选的标志参数，那么这些特殊元素的含义会随之发生改变。

表 2-5　正则表达式模式语法中的特殊元素

模　　式	描　　述
^	匹配字符串的开头
$	匹配字符串的末尾
.	匹配任意字符，除了换行符，当 re.DOTALL 标记被指定时，可以匹配包括换行符的任意字符
[...]	用来表示一组字符：[amk] 匹配 'a'、'm'或'k'
[^...]	不在[]中的字符：[^abc] 匹配除了 a、b、c 之外的字符
re*	匹配 0 个或多个正则表达式
re+	匹配 1 个或多个正则表达式
re?	匹配 0 个或 1 个由前面的正则表达式定义的片段，非贪婪方式
re{n}	精确匹配 n 个前面的正则表达式
re{n,}	匹配 n 个前面的正则表达式
re{n, m}	匹配 n 到 m 次由前面的正则表达式定义的片段，贪婪方式
a|b	匹配 a 或 b
(re)	对正则表达式分组并记住匹配的文本

2.1.8 使用 XPath 解析网页

XPath 即 XML 路径语言（XML Path Language），它是一种用来确定 XML 文档中某部分位置的语言。XPath 是基于 XML 的树状结构，它提供了在数据结构树中寻找节点的能力。

XPath 使用路径表达式来选取 XML 文档中的节点或节点集。这些路径表达式和常规的计算机文件系统中的表达式非常相似。XPath 含有超过 100 个内建的函数。这些函数用于字符串值和数值匹配、日期和时间比较、节点和 QName 处理、序列处理等操作。

Lxml 库是一个常用的网页解析 Python 库，它支持 HTML 和 XML 的解析，尤其是支持 XPath 解析方式，与 XPath 结合使用可实现爬虫功能。Lxml 库的优点是易于使用，在解析大型文档时的速度非常快，并且提供了简单的方法将数据转换为 Python 数据类型，解析效率非常高。

由于 Lxml 库并不是 Python 自带的资源库，因此需要安装 Lxml 库，接下来介绍三种安装 Lxml 库的方式。

在 Windows 系统中安装 Lxml 库的方法：通过 pip 工具进行安装，安装命令如下。

```
> pip install lxml
```

输入命令后，开始下载并安装 Lxml 库，如图 2-19 所示。安装完成后，系统自动退出安装环境，若提示"Successfully installed lxml……"，则说明此时已经成功安装 Lxml 库，如图 2-20 所示；若提示"Required already satisfied……"，则说明此时已经安装 Lxml 库，无须再次进行安装。

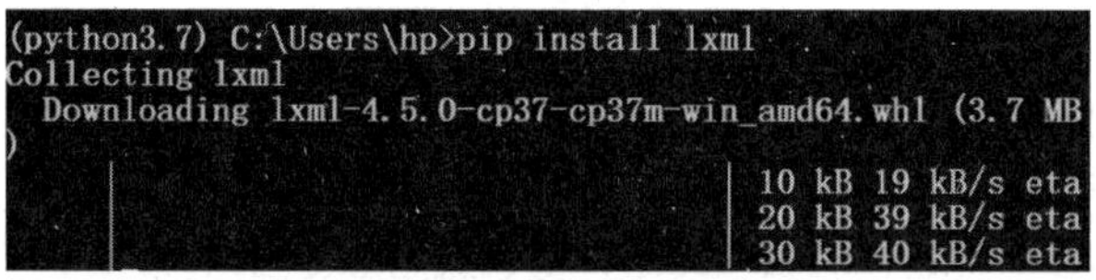

图 2-19　下载并安装 Lxml 库

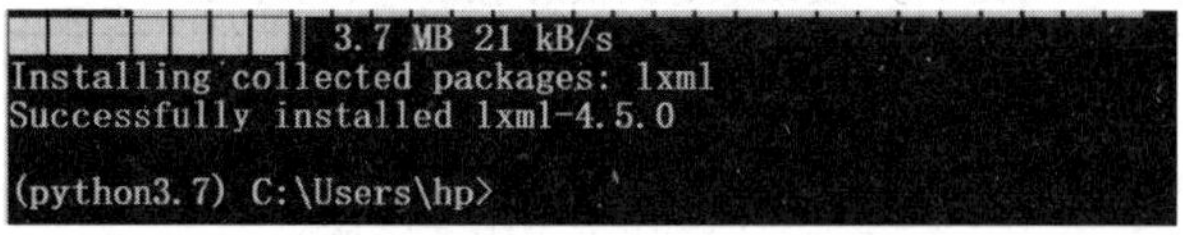

图 2-20　成功安装 Lxml 库

下面需要验证 Lxml 库的安装是否正确，在 Anaconda Prompt（Anaconda3）中输入命令"python"，进入 Python 环境，然后在光标处输入命令"from lxml import etree"，按【Enter】键，若系统没有任何提示，如图 2-21 所示，则说明此时的安装是正确的；若出现错误提示，则代表 Lxml 库的安装存在问题，需要仔细检查安装的命令是否正确，或者卸载 Lxml 库后进行二次安装。

图 2-21　测试 Lxml

在 PyCharm 中安装 Lxml 库的方法：打开 PyCharm，单击左上角的"File"按钮，单击"Settings"按钮，打开"Settings"窗口，在"Settings"窗口中选择"Python Interpreter"选项来查看当前项目中已经导入的所有模块，单击"+"按钮安装新的模块，如图 2-22 所示。

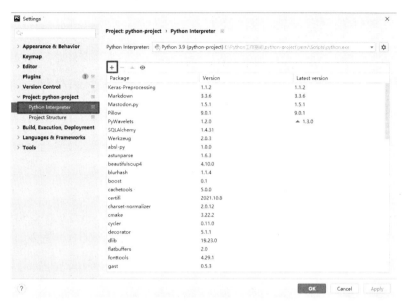

图 2-22　安装新的模块

在搜索框内输入指定模块名"lxml"，单击下方的"Install Package"按钮即可完成 lxml 模块的安装，如图 2-23 所示。

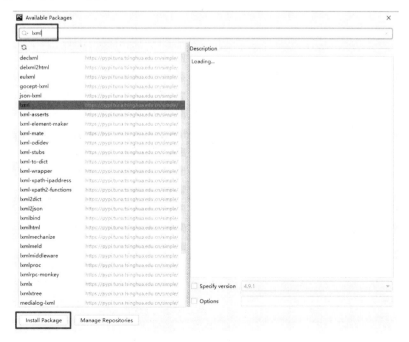

图 2-23　安装 lxml 模块

在 Terminal 上引用镜像资源安装 Lxml 库的方法：对于可能在国外服务器中的第三方库，以正常方式下载可能会导致连接超时，可以选择通过连接国内镜像服务器下载。在 PyCharm 下方找到"Terminal"按钮，单击该按钮打开终端，准备输入安装命令，如图 2-24 所示。

图 2-24　准备输入安装命令

在终端内输入以下命令。

```
pip install -i https://pypi.tuna.tsinghua.edu.cn/simple 模块名
```

该命令可实现连接国内镜像服务器下载 Python 所需的第三方库。图 2-25 所示为下载 lxml 模块的相关代码。

图 2-25　下载 lxml 模块的相关代码

由于后续的开发陆续需要安装很多第三方库，因此后续主要使用在 PyCharm 中安装第三方库的方法，若以该方法无法安装或连接超时，则可以选择在终端中引入国内镜像资源进行下载，这里不再赘述。

XPath 有 7 种类型的节点：元素、属性、文本、命名空间、处理指令、注释及文档（根）节点。XML 文档是被作为节点树来对待的。树的根被称为文档节点或根节点。

XPath 使用路径表达式来选取 XML 文档中的节点或节点集。节点是通过沿着路径（path）或者步（steps）来选取的。常见的路径表达式如表 2-6 所示。

表 2-6　常见的路径表达式

路径表达式	描　　述
nodename	选取此节点的所有子节点
/	从根节点选取
//	从匹配选择的当前节点选择文档中的节点，而不考虑它们的位置
.	选取当前节点
..	选取当前节点的父节点
@	选取属性

表 2-7 所示为常见的路径表达式实例。

表 2-7　常见的路径表达式实例

路径表达式	结　　果
shop	选取 shop 元素的所有子节点
/shop	选取根元素 shop
shop/book	选取属于 shop 的子元素的所有 book 元素
//book	选取所有 book 子元素，而不考虑它们的位置
shop//book	选择属于 shop 元素的后代的所有 book 元素
//@lang	选取名为 lang 的所有属性

除此之外，XPath 通配符还可用来选取未知的 XML 元素，常用通配符如表 2-8 所示。

表 2-8　常用通配符

通　配　符	描　　述
*	匹配任何元素节点
@*	匹配任何属性节点
node()	匹配任何类型的节点

2.1.9　使用 BeautifulSoup 库解析网页

当解析网页时，BeautifulSoup 是一个常见的第三方库，它的主要功能是从复杂的网页中解析和爬取 HTML 或 XML 内容。哪怕要实现海量的网站源代码的分析工作，BeautifulSoup 的实现过程也非常简单，可以极大地提高分析源代码的效率。

BeautifulSoup 支持 Python 标准库中的 HTML 解析器，还支持一些第三方库的解析器，若不安装特殊的解析器，则 Python 会使用其默认解析器。基于以上特性，BeautifulSoup 已成为和 Lxml 一样出色的 Python 解析器，可以为开发者灵活地提供不同网站的数据爬取和解析策略。

表 2-9 所示为常用解析器，包括 Python 标准库、Lxml HTML 解析器、Lxml XML 解析器和 HTML5lib 解析器。除了第一种解析器，其他解析器均需要单独安装。

表 2-9　常用解析器

解　析　器	使 用 方 法	优　　势	劣　　势
Python 标准库	BeautifulSoup(markup, "html.parser")	Python 的内置标准库、执行速度适中、文档容错能力强	Python 3.2 及以前版本的文档容错能力差
Lxml HTML 解析器	BeautifulSoup(markup, "lxml")	速度快、是文档容错能力强	需要安装 C 语言库
Lxml XML 解析器	BeautifulSoup(markup, ["lxml-xml"]) BeautifulSoup(markup, "xml")	速度快、是唯一支持 XML 的解析器	需要安装 C 语言库
HTML5lib 解析器	BeautifulSoup(markup, "html5lib")	有较好的容错性、以浏览器的方式解析文档、生成 HTML5 格式的文档	速度慢、不依赖外部扩展

要使用 BeautifulSoup 解析网页，首先需要创建 BeautifulSoup 对象。通过将字符串或 HTML 文件传入 BeautifulSoup 的构造方法，即可创建一个 BeautifulSoup 对象。

BeautifulSoup 可以将复杂的 HTML 文档转换成一个复杂的树形结构，每个节点都是一个 Python 对象，所有对象可以归纳为 4 种类型：Tag、NavigableString、BeautifulSoup、Comment。

1）Tag

Tag 对象为 HTML 文档中的标签。例如，对于 HTML 标签"<p>这是 1 个段落</p>"，若为其添加包含的内容，则形成了 Tag 对象。通过 Tag 名称可以直接获取文档树中的 Tag 对象，使用 Tag 名称查找的方法只能获得文档树中的第一个同名对象。

2）NavigableString

字符串常被包含在标签内部，使用非属性字符串 NavigableString 来包装 Tag 中的字符串。简单来说，NavigableString 就是 Tag 中的字符串内容形式。

3）BeautifulSoup

BeautifulSoup 对象表示的是一个文档的全部内容。通常可以把 BeautifulSoup 对象当作 Tag 对象，它支持遍历文档树和搜索文档树中描述的大部分方法。因为 BeautifulSoup 对象并不是真正的 HTML 或 XML 的 Tag，所以它没有 name 和 attribute 属性。为了便于查看其 name 属性，BeautifulSoup 对象包含了一个值为"[document]"的特殊属性。

4）Comment

在 BeautifulSoup 中还有一些特殊对象，如文档的注释部分。文档的注释部分很容易与 Tag 对象中的文本字符串混淆。在 BeautifulSoup 中，可以利用 Comment 对象来表示注释信息，可以认为 Comment 是一个特殊类型的 NavigableString 对象。

2.1.10 利用爬虫爬取猫图片制作数据集

打开 PyCharm，单击左上角的"File"按钮，单击"Settings"按钮，打开"Settings"窗口，在"Settings"窗口中选择"Python Interpreter"选项来查看当前项目中已经导入的所有模块，单击"+"按钮安装新的模块，如图 2-26 所示。

在搜索框内输入指定模块名"beautifulsoup4"，单击下方的"Install Package"按钮即可完成 beautifulsoup4 模块的安装，如图 2-27 所示。

步骤一：确定目标位置。

打开浏览器，在百度引擎中搜索"猫图片"，查询猫相关的图片信息，如图 2-28 所示。

单击猫图片链接，进入百度图片，这里会显示搜索的结果，都是猫的图片信息，如图 2-29 所示。

打开开发者工具，选择"Network"选项，打开 Network 请求列表信息，如图 2-30 所示。通过图片可以看到当前网页发送的所有请求信息，要找到图片对应的请求路径。

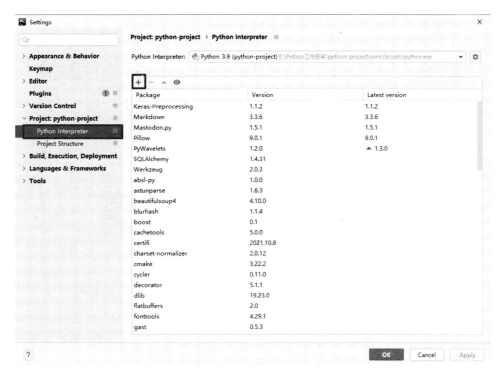

图 2-26 安装新的模块

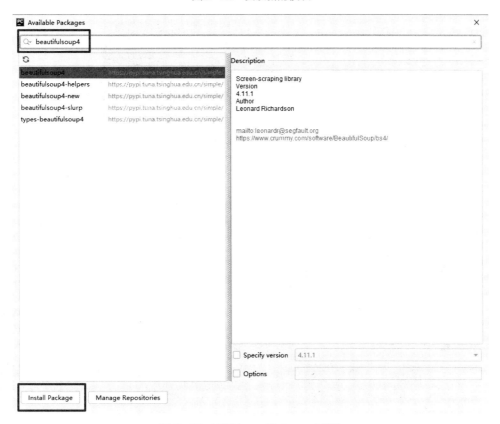

图 2-27 安装 beautifulsoup4 模块

图 2-28　猫相关的图片信息

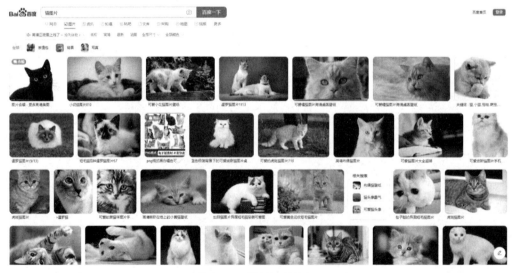

图 2-29　猫的图片信息

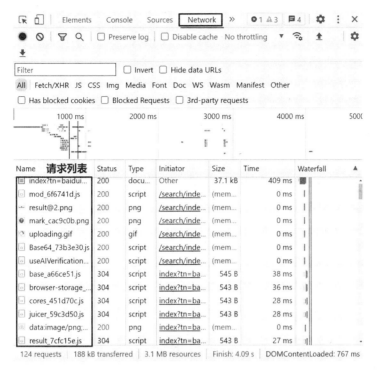

图 2-30　Network 请求列表信息

　　筛选后可以找到获取图片信息的请求路径，这就是要利用爬虫技术模拟客户端发送的请求路径，通过发送该请求可以获得服务器端响应结果，如图 2-31 所示。

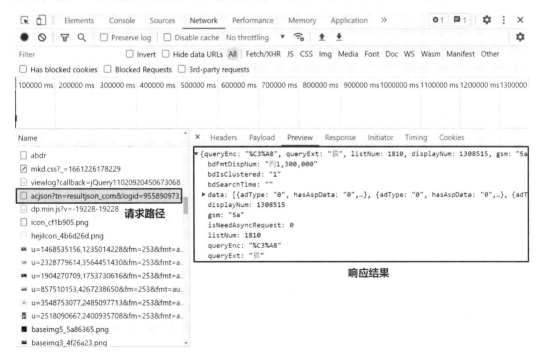

图 2-31　服务器响应结果

通过响应结果可以发现，百度将所有猫的图片信息都存储在 data 对应的 JSON 数组中，也就是图 2-32 所示的内容。只需要获取 JSON 数组，从数组中获取对应的图片信息，就可以将图片爬取到本地。

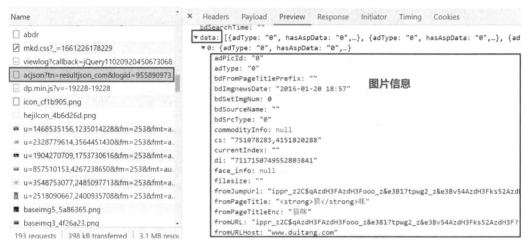

图 2-32　data 结果查看

步骤二：发送请求获取响应源码。

首先需要找到获取图片信息的请求路径，也就是 url 地址，通过开发者工具中的 Headers 标签，可以查看当前浏览器发出的请求信息，其中包含请求路径，如图 2-33 所示。

图 2-33　请求路径

接下来使用 PyCharm 编写代码完成猫的图片的基本爬取。编写代码导入开发中需要的第三方库：

```python
# 导入第三方库
import requests
import re
import os
```

requests 模块提供用于模拟客户端发送请求来获取服务器响应数据的方法。

Re 模块用于声明正则表达式，方便对爬取后的数据进行提取操作，从而获取图片的地址。

　　OS 模块是 Python 提供的用来对本地文件进行读写操作的库，本案例使用 OS 模块的主要目的是把爬取的图片存储到本地文件夹。

　　需要设置请求路径、请求头部，通过 requests 模块提供的 get 方法发送 get 请求从而获取服务端响应的图片信息，代码如下：

```
# 设置爬取时需要的一些基本参数
# keyWords: 查询关键词
# downNums: 下载的图片的数量
# savePosition: 图片存储的根目录
config = {
    'keyWords': '猫',
    'downNums': '10',
    'savePosition': "F:\\"
}

# 设置百度图片请求路径
url =
'https://image.baidu.com/search/acjson?tn=resulttagjson&logid=866627383939
8972212&ie=utf-8&fr=&word=' + config["keyWords"] +
'&ipn=r&fm=index&cl=2&lm=-1&oe=utf-8&adpicid=&st=-1&z=&ic=&hd=&latest=&cop
yright=&s=&se=&tab=&width=&height=&face=0&istype=2&qc=&nc=1&expermode=&noj
c=&isAsync=true&pn=30&rn=30&itg=1&gsm=1e&1639551508675='

# 设置请求头部
headers = {
    # Forbid spider access处理
    'Accept-Encoding': 'gzip, deflate, br',
    'User-Agent': 'Mozilla/5.0 (Linux; Android 6.0; Nexus 5 Build/MRA58N)
AppleWebKit/537.36 (KHTML, like Gecko) Chrome/93.0.4577.82 Mobile
Safari/537.36 Edg/93.0.961.52'
}

# 模拟客户端发送请求，获取服务器响应的信息
html = requests.get(url, headers=headers)
```

　　这里重点强调一下设置请求头部的目的：爬取时请求头部的作用是在网站使用反爬机制之后，可以在程序中添加请求头部来实现反反爬，达到伪装成浏览器的目的，从而实现反反爬机制。总体来说，设置请求头部的目的就是让模拟客户端做出发送请求的样子，从而躲避反爬取机制的拦截。

　　config 变量中存储的则是在爬取时需要声明的一些基本参数，这里先以爬取 10 张猫的图片并存储到 F 盘为例。

　　通过图 2-34，可以看到爬取响应结果中有多个键名"ObjURL"，而该键名所对应的值就是需要爬取的图片路径信息。

```
"imgCollectionWord":"","replaceUrl": [{"ObjURL":"https:\/\/gimg2.baidu
.com\/image_search\/src=http%3A%2F%2Fs2.best-wallpaper
.net%2Fwallpaper%2F2880x1800%2F1904%2FCat-flying-paws-as-wings-white
-background_2880x1800.jpg&refer=http%3A%2F%2Fs2.best-wallpaper
.net&app=2002&size=f9999,10000&q=a80&n=0&g=0n&fmt=auto?sec=1666483583&t
=60eabf1a260fde961b53a0819e328864","ObjUrl":"https:\/\/gimg2.baidu
.com\/image_search\/src=http%3A%2F%2Fs2.best-wallpaper
.net%2Fwallpaper%2F2880x1800%2F1904%2FCat-flying-paws-as-wings-white
-background_2880x1800.jpg&refer=http%3A%2F%2Fs2.best-wallpaper
.net&app=2002&size=f9999,10000&q=a80&n=0&g=0n&fmt=auto?sec=1666483583&t
```

图 2-34　爬取响应结果

步骤三：设置正则表达式提取响应结果中关于图片路径的信息。

通过定义正则表达式准备提取响应结果中关于图片路径的信息，因为每一个图片路径都是通过键值对的方式声明的，所以声明提取的关键字是 ObjURL，这是每张图片的键名。提取后可以通过输出查看提取后的数据结果。代码如下：

```
# 设置正则表达式，提取响应结果中的图片路径信息
fin = re.compile(' "ObjURL":"(.*?)"')
results = fin.findall(html.text)
# 查看正则提取后的图片路径信息
for i in results:
    print(i)
print('----------------------------------------')
```

图 2-35 所示的图片路径为通过正则表达式提取后的每张图片的路径信息，可以看到，此时的路径信息包含大量的乱码，并且不是正常的路径信息，这是因为百度对图片路径进行了加密操作以防止外界程序随意爬取图片信息，接下来需要对图片路径进行解析，将其转换为正常的路径。

```
ipprf_z2C$qAzdH3FAzdH3F2t42d_z&e3Bkwt17_z&e3Bv54AzdH3Ft4w2j_fjw6viAzdH3Ff6v=ippr%nA
%dF%dFikt42_z&e3Bka_z&e3B7rwty7g_z&e3Bv54
%dF09jlacml8ukwa8vb0vu0nc10mwvudcjdudbwjd8cbn1jd-sBeHO2_uomcb&6juj6=ippr%nA%dF
%dFikt42_z&e3Bka_z&e3B7rwty7g_z&e3Bv54&wrr=daad&ftzj=ullll,
8aaaa&q=wba&g=a&2=ag&u4p=w7p5?fjv=8mmm9bncbn&p=9b8kwlvw0w9vnmlm9u9aclbk9cv0v8dw
ipprf_z2C$qAzdH3FAzdH3F2t42d_z&e3Bkwt17_z&e3Bv54AzdH3Ft4w2j_fjw6viAzdH3Ff6v=ippr%nA
%dF%dFv-ffs_z&e3B17tpwg2_z&e3Bv54%dF7rs5w1f%dFtpj4%dFdadaa8%dFad
%dFdadaa8ad89nana_xzg42_z&e3B3r2&6juj6=ippr%nA%dF%dFv-ffs_z&e3B17tpwg2_z&e3Bv54&wrr
=daad&ftzj=ullll,8aaaa&q=wba&g=a&2=ag&u4p=w7p5?fjv=8mmm9bncbn&p
=0b0vbl1amnnjnvuaa01vu00kmj89lbn8
```

图 2-35　图片路径

先通过定义函数 bdsplider 将刚才爬取的图片路径进行解析，再通过定义转换规则借助循环将路径中的每一种符号或文字进行转换，最后将解析好的图片网址返回。

```
# 定义函数解析爬取的图片路径
def bdsplider(url):
    res = ''
    c = ['_z2C$q', '_z&e3B', 'AzdH3F']
    d = {'w': 'a', 'k': 'b', 'v': 'c', 'l': 'd', 'j': 'e', 'u': 'f', '2':
'g', 'i': 'h', 't': 'i', '3': 'j', 'h': 'k',
        's': 'l', '4': 'm', 'g': 'n', '5': 'o', 'r': 'p', 'q': 'q', '6':
```

```
'r', 'f': 's', 'p': 't', '7': 'u', 'e': 'v',
          'o': 'w', '8': '1', 'd': '2', 'n': '3', '9': '4', 'c': '5', 'm':
'6', '0': '7', 'b': '8', 'l': '9', 'a': '0',
          '_z2C$q': ':', '_z&e3B': '.', 'AzdH3F': '/'}
        if (url == None or 'http' in url):
            return url
        else:
            j = url
            for m in c:
                j = j.replace(m, d[m])
            for char in j:
                if re.match('^[a-w\d]+$', char):
                    char = d[char]
                res = res + char
            return res
```

步骤四：提取图片信息并存储。

编写代码开始进行下载操作，先通过调用 bdsplider 函数将解析后的图片路径进行输出，再设置文件的保存路径，最后通过 OS 模块提供的 open 函数将指定网址对应的图片保存到本地，并提示下载成功的图片数量。代码如下：

```
# 设置循环进行图片的批量下载
num = 1
for r in results:
    if num <= int(config['downNums']):
        pic_url = bdsplider(r)
        print(pic_url)
        # 设置文件保存路径
        filename = config['savePosition'] + config['keyWords']
        if not os.path.exists(filename):
            os.mkdir(filename)
        with open(filename + '/' + str(num) + '.jpg', 'wb') as f:
            # 将图片写入指定路径
            f.write(requests.get(pic_url).content)
            print('已下载完成数:' + str(num) + '张')
            num += 1
```

通过图 2-36 可以看到，解析后的图片路径已经是正常的网址形式了，这样即可完成下载并存储图片的操作。

```
https://gimg2.baidu.com/image_search/src=http%3A%2F%2Fs2.best-wallpaper
.net%2Fwallpaper%2F2880x1800%2F1904%2FCat-flying-paws-as-wings-white
-background_2880x1800.jpg&refer=http%3A%2F%2Fs2.best-wallpaper
.net&app=2002&size=f9999,10000&q=a80&n=0&g=0n&fmt=auto?sec=1666483942&t
=873324a0400d60a5feb63328eb1a313e
已下载完成数:1张
https://gimg2.baidu.com/image_search/src=http%3A%2F%2F5b0988e595225.cdn.sohucs
.com%2Fq_70%2Cc_zoom%2Cw_640%2Fimages%2F20190506%2F2673b2ab9f314e23b918af2f9849c0e8
.jpeg&refer=http%3A%2F%2F5b0988e595225.cdn.sohucs.com&app=2002&size=f9999,
10000&q=a80&n=0&g=0n&fmt=auto?sec=1666483942&t=cf054c3e08e345178664c89651f31523
已下载完成数:2张
```

图 2-36　解析后的图片路径

步骤五：输出结果。代码如下：

```
# 最后一张多加1，需要减回去
num -= 1
# 输出结果
faildownNums = 0 if num == int(config['downNums']) else
int(config['downNums']) - num
    print('下载完毕,一共下载了' + str(num) + '张图片' + '失败了' +
str(faildownNums) + '张')
```

调用刚才写好的代码，检测每一张图片是否成功下载，并将结果进行输出。输出结果如图 2-37 所示。

```
https://gimg2.baidu.com/image_search/src=http%3A%2F%2Fimg95.699pic
    .com%2Fxsj%2F02%2Fy4%2Fc0
    .jpg%21%2Ffw%2F700%2Fwatermark%2Furl%2FL3hzai93YXRlcl9kZXRhaWwyLnBuZw%2Falign
    %2Fsoutheast&refer=http%3A%2F%2Fimg95.699pic.com&app=2002&size=f9999,
    10000&q=a80&n=0&g=0n&fmt=auto?sec=1666483942&t=b58fccff7b42336c9e3b4ec9461bc788
已下载完成数:10张
下载完毕,一共下载了10张图片失败了0张
```

图 2-37 输出结果

下载成功后，可以打开 F 盘，发现 F 盘中存在一个名为猫的文件夹，文件夹内存储的就是刚才爬取的 10 张图片，如图 2-38 所示。

图 2-38 本地图片

至此，我们已经通过爬虫技术实现了猫的图片的爬取。当然，本项目除了需要猫的图片信息，还需要狗的图片信息，可以参照上述流程自行爬取并获得狗的图片信息。接下来就可以对图片进行下一步操作。

任务 2　数据的持久化存储

任务描述

数据库是一个以某种有组织的方式存储的数据集合。通俗来说，数据库就是一种存储并管理数据的技术。

在本项目中使用数据库的目的主要是将爬取的数据信息进行持久化存储，为后续神经网络的构建提供数据支持。

任务分析

1）技术分析

根据存储与管理数据的方式不同，可以将所有数据库分为两大类别：关系型数据库和非关系型数据库。

关系型数据库是由多张表组成的，每张表都是由行和列组成的。关系型数据库里存放的是一张一张的表，各表之间是有关系的。所以，简单来说，关系型数据库=多张表+各表之间的关系，如图 2-39 所示。

图 2-39　关系型数据库

非关系数据库又称为 NoSQL。NoSQL 仅仅是一个概念，泛指非关系型数据库，区别于关系型数据库，不以表结构形式存储数据，键值存储数据库、图形存储数据库、文档型数据库等，都可以称为非关系型数据库，如图 2-40 所示。

2）需要具备的职业素养

培养学生的当代使命与责任担当意识。

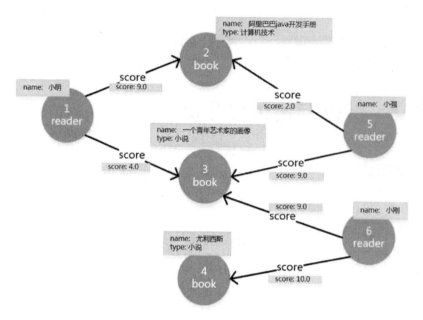

图 2-40　非关系型数据库

 任务实施

2.2.1　MySQL 简介

本项目中的数据大都是结构化数据，若需要将爬取的动物图片进行存储，则每张图片都需要存储编号、图片种类、图片地址等固定信息，这时首选关系型数据库，而关系型数据库中最典型的就是 MySQL 数据库。

以 Window 系统为例，想要使用 MySQL 数据库完成表结构的创建和数据的"增删改查"操作，就需要在 PC 中安装 MySQL 服务。同时，为了保证可视化操作，需要额外安装 Navicat 工具来辅助操作。

2.2.2　MySQL 的安装

通过 MySQL 官网提供的下载链接来下载 MySQL 安装程序，这里以 MySQL 8.0 为例，双击"mysql-installer-community-8.0.12.0.msi"文件，准备安装 MySQL 数据库，如图 2-41 所示。

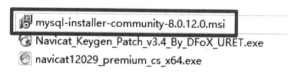

图 2-41　MySQL 的安装文件

在"License Agreement"窗口中勾选"I accept the license terms"复选框，单击"Next"按钮，如图 2-42 所示。

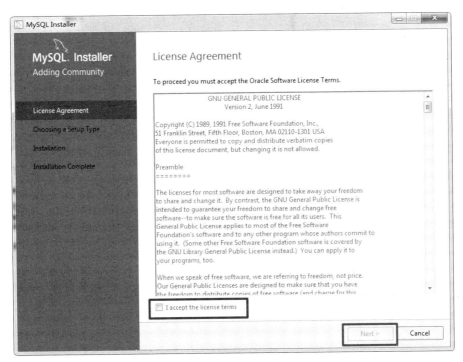

图 2-42　"License Agreement"窗口

在"Choosing a Setup Type"窗口中选中"Server only"单选按钮,单击"Next"按钮,如图 2-43 所示。

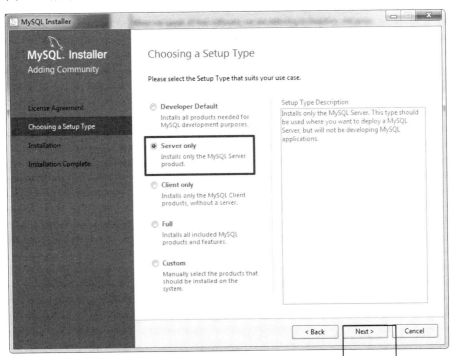

图 2-43　"Choosing a Setup Type"窗口

在"Installation"窗口中单击"Execute"按钮进行安装,如图 2-44 所示。

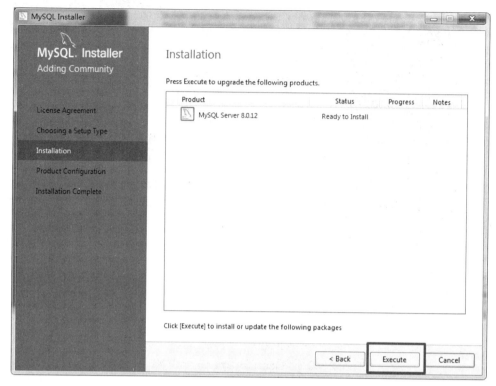

图 2-44　"Installation" 窗口

等待安装结束即可，如图 2-45 所示。

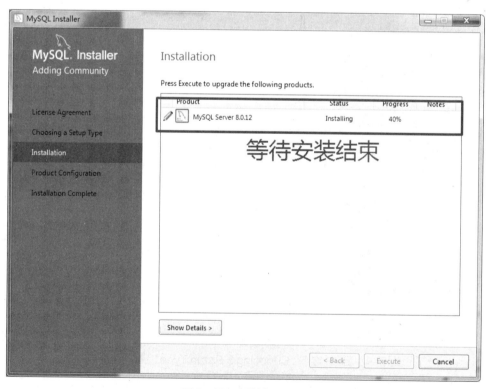

图 2-45　安装过程界面

在"Product Configuration"窗口中单击"Next"按钮,配置 MySQL 相关信息,如图 2-46 所示。

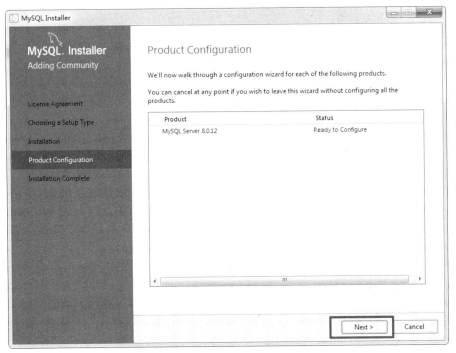

图 2-46 "Product Configuration"窗口

连续单击"Next"按钮来进行下一步操作,如图 2-47～图 2-49 所示。

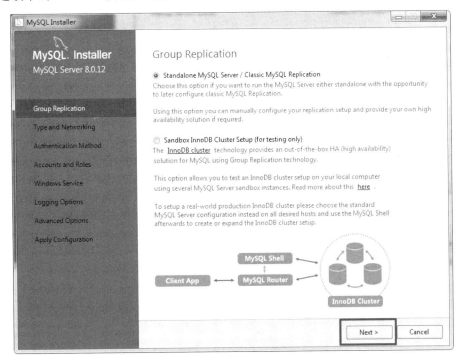

图 2-47 "Group Replication"窗口

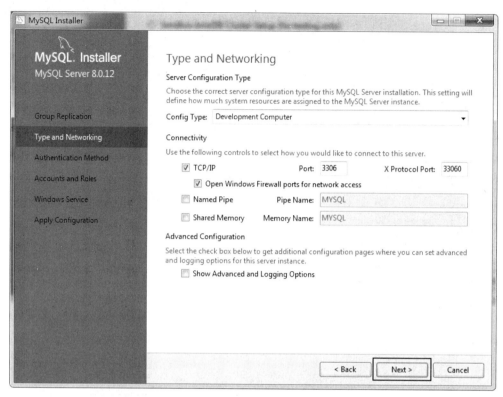

图 2-48　"Type and Networking"窗口

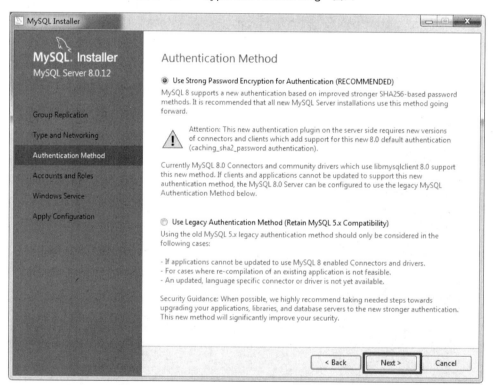

图 2-49　"Authentication Method"窗口

在"Accounts and Roles"窗口中设置数据库访问密码。这里的密码建议使用root，方便记忆，如图2-50所示。

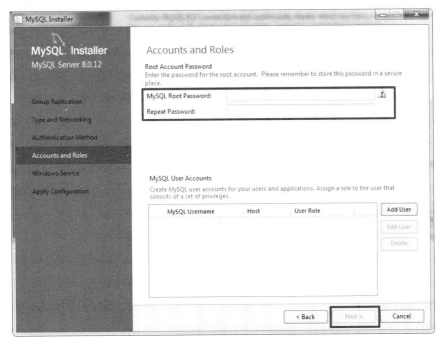

图2-50 "Accounts and Roles"窗口

在"Windows Service"窗口中声明MySQL服务名称后，单击"Next"按钮，如图2-51所示。

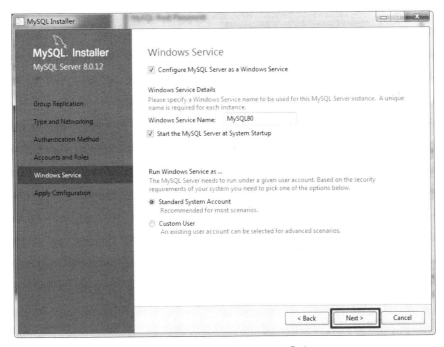

图2-51 "Windows Service"窗口

在"Apply Configuration"窗口中单击"Execute"按钮调试并启动 MySQL 服务，等待安装，如图 2-52 所示。

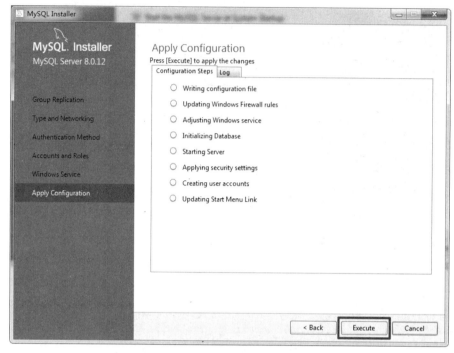

图 2-52 "Apply Configuration"窗口

安装成功后，单击"Finish"按钮完成安装，如图 2-53 所示。

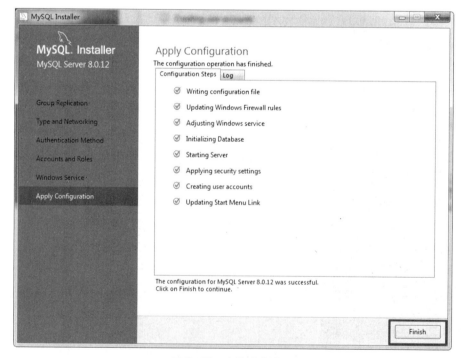

图 2-53 安装成功界面

在"Product Configuration"窗口中单击"Next"按钮进行下一步操作，如图 2-54 所示。

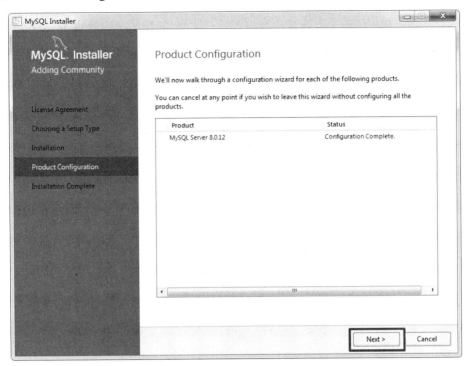

图 2-54 "Product Configuration"窗口

单击"Finish"按钮，MySQL 安装完毕，如图 2-55 所示。

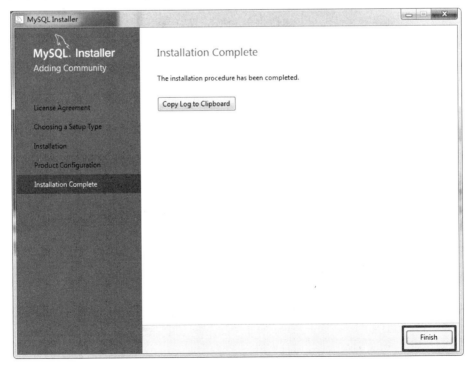

图 2-55 安装完毕界面

2.2.3 Navicat 的安装

Navicat 是一套可创建多个连接的数据库管理工具,可以方便地管理 MySQL、Oracle、PostgreSQL、SQLite、SQL Server、MariaDB 和 MongoDB 等不同类型的数据库,它与阿里云、腾讯云、华为云、Amazon RDS、Amazon Aurora、Amazon Redshift、Microsoft Azure、Oracle Cloud 和 MongoDB Atlas 等云数据库兼容,可以创建、管理和维护数据库。Navicat 不仅可以满足专业开发者的需求,而且对数据库服务器初学者来说简单易操作。Navicat 的用户界面(UI)设计良好,可以让用户以安全且简单的方法创建、组织、访问和共享信息。通过 Navicat 官网可以下载其安装程序,这里以 Navicat 12 为例,双击其安装程序准备开始安装,如图 2-56 所示。

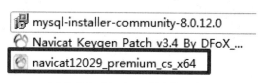

图 2-56　Navicat 的安装程序

打开安装界面后,单击"下一步"按钮,如图 2-57 所示。

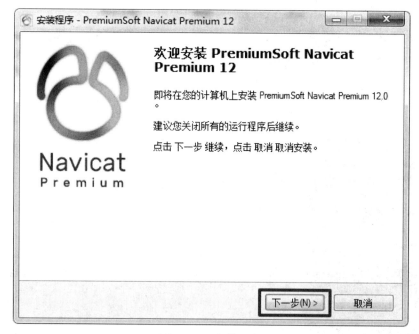

图 2-57　安装界面

在"许可证"窗口中,选中"我同意"单选按钮,单击"下一步"按钮,如图 2-58 所示。

设置安装路径和快捷方式,这里以 D 盘为例,单击"下一步"按钮,如图 2-59 和图 2-60 所示。

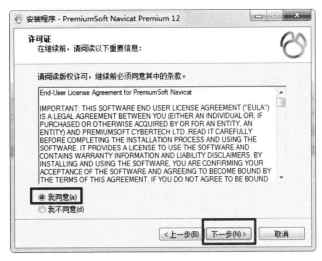

图 2-58 "许可证"窗口

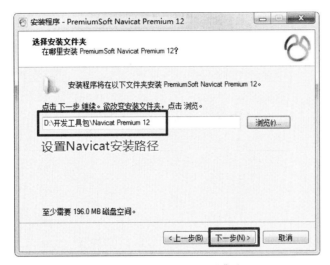

图 2-59 "选择安装文件夹"窗口

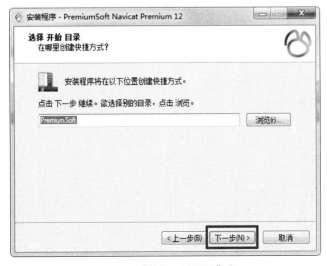

图 2-60 "选择开始目录"窗口

在"选择额外任务"窗口中勾选"Create a desktop icon"复选框，在桌面上创建快速启动图标，单击"下一步"按钮开始进行安装，如图 2-61～图 2-63 所示。

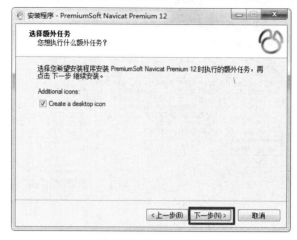

图 2-61　"选择额外任务"窗口

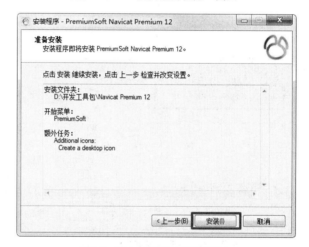

图 2-62　"准备安装"窗口

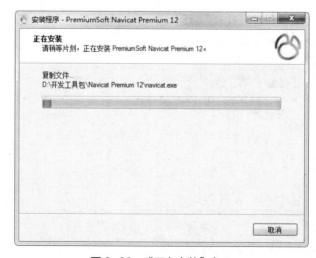

图 2-63　"正在安装"窗口

安装成功后，单击"完成"按钮，如图 2-64 所示。

图 2-64　安装完成界面

2.2.4　表结构的创建

因为关系型数据库是以表结构管理并存储数据的，所以需要通过 Navicat 可视化工具操作数据库来完成表结构的创建，具体流程如下。

打开 Navicat，在"连接"下拉列表中选择"MySQL..."选项，如图 2-65 所示。

图 2-65　连接 MySQL 界面

在"新建连接"窗口中输入连接名，这里可以任意声明，然后输入安装数据库时设定的密码，单击"测试连接"按钮进行测试，如图 2-66 所示。

连接成功后，Navicat 会弹出"连接成功"对话框，如图 2-67 所示，这时可以单击"确定"按钮完成数据库的连接操作。

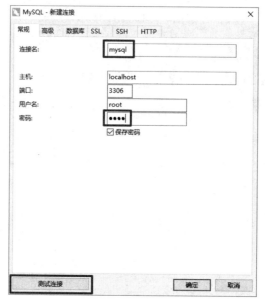

图2-66　"新建连接"窗口

图2-67　"连接成功"对话框

建立连接后，双击连接名即可连接成功，右击连接名，在弹出的快捷菜单中选择"新建数据库…"选项来创建属于项目的数据库，如图2-68所示。

图2-68　快捷菜单

需要在"常规"选项卡中声明数据库名称，这里以"dog_cat"为例，设置好字符集"utf8"，该字符集表示数据库可以识别中文数据，不会因为录入中文而产生乱码，按照图 2-69 所示的信息填写完毕后，单击"确定"按钮即可创建数据库。

图 2-69　信息填写界面

双击创建好的数据库名连接到数据库，即可看到表的选项，右击"表"选项，在弹出的快捷菜单中选择"新建表"选项即可开始设置表结构内容，如图 2-70 所示。

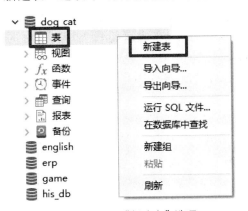

图 2-70　"新建表"选项

在"字段"选项卡中编写名、类型、长度等信息，来完善表结构的内容，也可以通过在注释的位置添加文字来描述每一列的具体含义，如图 2-71 所示。

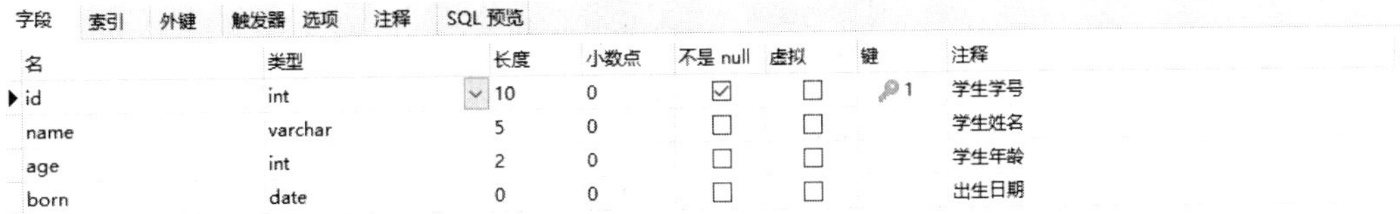

名	类型	长度	小数点	不是 null	虚拟	键	注释
id	int	10	0	☑	☐	🔑1	学生学号
name	varchar	5	0	☐	☐		学生姓名
age	int	2	0	☐	☐		学生年龄
born	date	0	0	☐	☐		出生日期

图 2-71　"字段"选项卡

在 MySQL 数据库中，每一列在创建的时候都必须声明数据类型，MySQL 中比较常见的数据类型有 int（整型）、double（浮点型）、varchar（字符型）、date（日期型）、datetime（日期时间型）等，根据列中存储的数据种类不同，要为每一列分配合理的数据类型。表结构设计完毕后，按【Ctrl + S】组合键保存表结构，输入表名后单击"确定"按钮即可创建成功。以 stu 表为例演示如何进行"增删改查"操作，如图 2-72 所示，后续要设置动物图片表来存储动物图片的信息。

图 2-72　输入表名界面

2.2.5　DML 操作

结构化查询语言（Structured Query Language，SQL）是一种数据库查询和程序设计语言，用于存取数据及查询、更新和管理关系数据库系统。

根据应用场景不同，SQL 语法共有以下五种书写形式（语法结构）。

- DML 语法：数据操作语言，操作表中数据实现"增删改"功能，包含 insert、update、delete。
- DQL 语法：数据查询语言，操作表中数据实现查询功能，包含 select。
- DDL 语法：数据定义语言，操作表或者用户实现创建、删除等功能，包含 create、drop、alter、truncate。
- DCL 语法：数据控制语言，操作用户实现权限管理，包含 grant（授权）、revoke（撤销）。
- DTL 语法：数据事务语言，操作事务实现提交和回滚，包含 commit、rollback。

DML 语法主要实现"增删改"操作，在实际开发中较常使用，接下来演示如何在 Navicat 中编写 DML 语法来实现对数据库表结构数据的"增删改"操作。右击"查询"选项，在弹出的快捷菜单中选择"新建查询"选项，如图 2-73 所示。

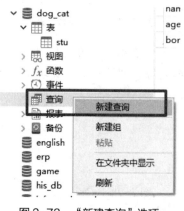

图 2-73　"新建查询"选项

在"查询"窗口中即可通过编写 SQL 代码实现对表中数据的操作，这里以 insert 插入语法为例，演示一下添加语法的基本规则。双横线后面为 SQL 代码的注释，这里以 stu 表为例，演示添加数据的 3 种方式。

```
-- 添加语法：insert
-- (1) 指定列添加：添加一条数据时只包含指定列信息！
-- 语法结构：insert into 表名(列名, 列名) values(数据, 数据);
-- 注意1：所有语法中出现的符号都是英文符号！
-- 注意2：每一句代码结尾必须添加分号！
-- 注意3：所有代码中出现的字符串或者日期数据，一定要通过引号声明！
-- 注意4：列名和数据的数量及顺序必须保持一致！

-- 案例：向stu表中添加一条数据(1001, 小明)
insert into stu(id, name) values(1001, '小明');

-- (2) 全列添加：添加一条数据包含所有列信息！
-- 语法结构：insert into 表名 values(数据, 数据);
-- 注意1：数据的个数和表中列的个数相同！

-- 案例：添加数据(1002, 小强, 19, 2003-09-09)
insert into stu(id, name, age, born) values(1002, '小强', 19,
'2003-09-09');
insert into stu values(1002, '小强', 19, '2003-09-09');

-- 问题：由于编号是自动递增的，因此添加的时候不应该主动声明学号！
-- 解决方案1：指定列添加
insert into stu(name, age, born) values('小强', 19, '2003-09-09');

-- 解决方案2：通过default关键字进行占位处理
insert into stu values(default, '小芳', 20, '2002-09-09');

-- (3) 批量添加：通过一个SQL语法一次性添加多条数据！
-- 语法结构：insert into 表名 values(数据, 数据), (数据, 数据), (数据, 数据),
(数据, 数据);
```

删除语法通过 delete 声明，主要删除表结构中满足条件的指定行数据，需要注意的是，删除语法只能按行对数据进行删除。

```
-- 删除：按行对数据进行删除！
-- (1) 全删除：不可恢复的
-- 语法结构：delete from 表名;

-- (2) 删除符合条件的数据
-- 语法结构：delete from 表名 where 条件;
-- where类似于Java中的if, 用来声明判断条件, 对数据库中的数据进行筛选！
-- 注意：MySQL中的判断符号(=、!=、<、>、<=、>=)
-- 注意：若where需要声明多个条件，则用and(并且)和or(或者)进行关联

-- 需求：删除stu表中年龄超过29岁的学生信息
```

```
delete from stu where age > 29;


-- 需求：删除stu表中成绩为80～90分的学生信息
delete from stu where score >= 80 and score <= 90;
-- 简化版写法：当条件中判断数据在某个区间时，可以使用between and语法
delete from stu where score between 80 and 90;


-- 扩展：删除stu表中2021年入学的学生信息
```

修改语法通过 update 声明，主要用于更新表结构，实现对指定数据的修改操作。

```
-- 修改：
-- (1)修改表中指定列的所有数据
-- 语法结构：update 表名 set 列名 = 新数据;
-- 注意：等号在MySQL中共有两层含义（既用来表示相等，也用来表示赋值）
-- 等号用在set后面表示赋值
-- 等号用在where后面表示判断是否相等
-- 需求：将stu表中所有学生的姓名改为夯大力
update stu set name = '夯大力';


-- (2)修改满足条件的指定列的数据
-- 语法结构：update 表名 set 列名 = 新数据 where 条件;
-- 需求：将学号为1003的学生年龄改为18岁
update stu set age = 18 where id = 1003;


-- 需求：将stu表中所有成年学生的成绩+10分
update stu set score = score + 10 where age >= 18;


-- (3)修改满足条件的多列数据
-- 语法结构：update 表名 set 列名 = 新数据, 列名 = 新数据 where 条件;
-- 需求：将学号为1015的学生姓名改为夯大力，年龄改为17岁
update stu set name = '夯大力', age = 17 where id = 1015;
```

2.2.6 DQL 操作

DQL 操作指的是 SQL 对表结构中的数据进行检索操作的统称，表示数据查询语法，主要通过 select 语法查询表中数据并进行展示，根据查询功能的特点不同，DQL 语法可以实现很多种查询，如无条件查询、有条件查询、排序查询、模糊查询、函数查询、分组查询、子查询、多表查询、分页查询等。

无条件查询指的是查询过程中无须声明筛选条件，将表中某一列或多列数据全部检索出来的行为。

```
-- 1. 无条件查询：检索表中指定列下的所有数据！
-- 语法结构：select 列名, 列名, 列名 from 表名;


-- 案例：查询stu表中所有学生的学号和姓名！
select id, name from stu;


-- (1) MySQL允许在查询过程中对列中的数据进行四则运算
```

```
-- 语法结构：select 列名 + 10, 列名 - 10 from 表名;

-- 案例：查询stu表中所有学生的姓名，年龄(年龄+10处理)
select name, age + 10 from stu;

-- 问题：字符串能不能进行四则运算？
select name + 10, age + 10 from stu;
-- MySQL中字符串可以进行四则运算，但是MySQL会将字符串中的文字当作0处理

select born + 10 from stu;
-- 如果对日期进行四则运算，那么MySQL会将日期中的数字当作整数处理！
-- 2002-09-09 + 10 等价于 20020909 + 10

-- (2) 如何对字符串进行拼接操作？
-- 语法结构：concat(数据，数据，数据)
-- 作用：将括号内的数据进行拼接，拼接后返回一个完成的字符串结果！

-- 案例：查询stu表中所有学生的姓名，并且在姓名后拼接是个好学生！
select concat(name, '是个好学生') from stu;

-- (3) 如何对查询结果的列名声明别名
-- 语法结构：select 列名 as 别名, 列名 from 表名;
-- 别名的修改只影响列名的显示，不会影响列中的数据
-- 注意：别名不是数据，所以无须添加引号！

select name as 姓名, age + 10 as 年龄 from stu;
-- 扩展：声明别名时，as关键字可以省略！
```

有条件查询又称为过滤查询，指的是检索所有满足判断条件的数据信息。

```
-- 2. 有条件查询：在无条件查询基础上通过where声明筛选条件！
-- 语法结构：select 列名, 列名 from 表名 where 条件;
-- 案例：查询stu表中所有成年学生的学号，姓名，年龄
select id, name, age from stu where age >= 18;

-- (1) between ... and ... 语法：判断区间
-- 语法结构：where 列名 between a and b
-- 等价于where 列名 >= a and 列名 <= b
-- 语法结构：where 列名 not between a and b
-- 等价于where 列名 < a or 列名 > b

-- 案例：查询所有2000年出生的学生姓名，出生日期
select name, born from stu where born between '2000-01-01' and
'2000-12-31';

-- (2) in(a, b, c)：判断某个值
-- 语法结构：where 列名 in(a, b, c)
-- 等价于where 列名 = a or 列名 = b or 列名 = c

-- 语法结构：where 列名 not in(a, b, c)
```

```
-- 等价于: where 列名 != a and 列名 != b and 列名 != c

-- 案例: 查询年龄是19岁或17岁的所有学生姓名, 年龄
select name, age from stu where age = 19 or age = 17;
select name, age from stu where age in(19, 17);

-- (3) 查询条件中对于空的判断!
-- 在MySQL和Python中, 空都有两种形式!
-- 1> 空白字符串(''): 本质上是没有长度的字符串!
-- 语法结构: where 列名 = ''
-- 语法结构: where 列名 != ''

-- 2> 空(null): 本质上什么也不是!
-- 语法结构: where 列名 is null
-- 语法结构: where 列名 is not null

-- 案例: 查询没有姓名的学生学号和年龄
select id, age from stu where name = '' or name is null;

-- 以空白为例:
select id, age from stu where name = '';

-- 以null为例:
select id, age from stu where name is null;
```

　　排序查询一般用于在查询出结果之前,按照某种规则对数据进行排序操作,分为升序和降序。

```
-- 3. 排序查询: order by
-- 语法结构: order by 列名 asc / desc
-- asc: ascending升序
-- desc: descending降序

-- 案例: 查询stu表中所有成年学生的姓名, 年龄, 并按照年龄降序排列!
select name, age from stu where age >= 18 order by age;
-- 扩展: 如果省略了asc或者desc, 那么默认按照升序排序!
```

　　模糊查询又称为关键字查询,通过用户输入的某个关键字查找出所有含有此关键字的数据信息,代码中通过 like 表示模糊查询。

```
-- 4. 模糊查询又称为关键字查询
-- 语法结构: where 列名 like '匹配规则'
-- 语法结构: where 列名 not like '匹配规则'

-- 在模糊查询中, 匹配规则可以通过两种符号声明, 分别为%和_
-- %: 匹配任意长度的任意字符
-- _: 匹配一个长度的任意字符

-- 案例: 查询stu表中姓名含有小字的学生学号, 姓名
select id, name from stu where name like '%小%';

-- 案例: 查询stu表中姓名以小字开头的学生学号, 姓名
select id, name from stu where name like '小%';
```

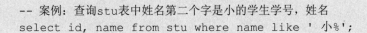
```
-- 案例：查询stu表中姓名第二个字是小的学生学号，姓名
select id, name from stu where name like '_小%';
```

2.2.7　动物图片存储与查询

在了解了 SQL 语法的"增删改查"基础操作后，准备创建表结构来存储并操作动物识别模型开发中的动物图片信息。

步骤一：表结构的创建

因为 MySQL 数据库是关系型数据库，所以无法直接在数据库内存储图片信息，但是可以将硬盘中的图片存储到数据库中进行管理。首先需要设置表结构，经过分析后可以声明 4 列来存储动物图片，分别为图片编号、图片种类、图片名称、图片存储路径。表结构的创建界面如图 2-74 所示。可以给 id 列设置自动递增从而在添加时省去编号的声明。

名	类型	长度	小数点	不是 null	虚拟	键	注释
id	int	0	0	☑	☐	🔑1	图片编号
type	varchar	20	0	☐	☐		图片种类
name	varchar	30	0	☐	☐		图片名称
url	varchar	100	0	☐	☐		图片存储路径

默认：
☑ 自动递增
☐ 无符号
☐ 填充零

图 2-74　表结构的创建界面

设置好所有列的名和类型后，按【Ctrl+S】组合键来保存表结构，输入表名"animals"即可，如图 2-75 所示。

图 2-75　输入表名

步骤二：动物图片的存储

完成表结构的创建后，需要在 Navicat 中新建查询文件并编写用于添加的 SQL 语句，后续的 SQL 代码可以直接在 Python 中声明，直接连接数据库实现"增删改查"操作，这里先演示 SQL 的语法。例如，想将 F 盘中的猫的图片存储到数据库中，如图 2-76 所示。

深度学习技术应用

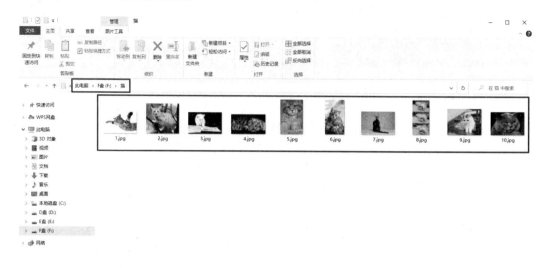

图 2-76 猫的图片

添加语法如下所示，通过 insert 关键字实现数据的添加操作，这里的 default 指的是使用默认值添加，由于编号设置自动递增，所以无须手动设置编号。

```
insert into animals values(default, 'cat', '1.jpg', 'F://猫//1.jpg');
insert into animals values(default, 'cat', '2.jpg', 'F://猫//2.jpg');
insert into animals values(default, 'cat', '3.jpg', 'F://猫//3.jpg');
insert into animals values(default, 'cat', '4.jpg', 'F://猫//4.jpg');
insert into animals values(default, 'cat', '5.jpg', 'F://猫//5.jpg');
insert into animals values(default, 'cat', '6.jpg', 'F://猫//6.jpg');
insert into animals values(default, 'cat', '7.jpg', 'F://猫//7.jpg');
insert into animals values(default, 'cat', '8.jpg', 'F://猫//8.jpg');
insert into animals values(default, 'cat', '9.jpg', 'F://猫//9.jpg');
insert into animals values(default, 'cat', '10.jpg', 'F://猫//10.jpg');
```

添加成功后，猫的图片表数据如图 2-77 所示。

id	type	name	url
1	cat	1.jpg	F://猫//1.jpg
2	cat	2.jpg	F://猫//2.jpg
3	cat	3.jpg	F://猫//3.jpg
4	cat	4.jpg	F://猫//4.jpg
5	cat	5.jpg	F://猫//5.jpg
6	cat	6.jpg	F://猫//6.jpg
7	cat	7.jpg	F://猫//7.jpg
8	cat	8.jpg	F://猫//8.jpg
9	cat	9.jpg	F://猫//9.jpg
10	cat	10.jpg	F://猫//10.jpg

图 2-77 猫的图片表数据

步骤三：动物图片的检索

在后续制作模型时，需要加载数据集，此时需要读取数据库中每张图片的路径，可以通过全查询或根据类别查询来获取图片信息。

```
-- 查询所有图片信息
select id, type, name, url from animals;

-- 查询猫类图片信息
select id, type, name, url from animals where type = '猫';
```

任务 3　数据的标注与数据集的制作

任务描述

数据的标注是指对未经处理的初级数据（包括语音、图片、文本、视频等）进行加工处理并转换为机器可识别信息的过程。换言之，数据的标注就是从互联网上爬取、收集数据，包括语音、图片、文本、视频等，然后对爬取的数据进行整理与标注。

数据的标注其实是 AI 的重要组成部分之一，AI 的组成部分有 3 个，分别是算法、算力、标注。用看书这一过程类比，算力相当于眼睛，算法相当于大脑，标注相当于书里面的知识。有了数据的标注，AI 才能用算法和算力辨别场景进行工作。

本任务基于 OpenCV 模块对爬取的猫狗的图片进行分类，并将图片关键数据进行标注处理，最终完成数据集的划分和制作。

任务分析

OpenCV 是一个基于 Apache 2.0 许可（开源）发行的跨平台计算机视觉和机器学习软件库，它实现了图片处理和计算机视觉方面的很多通用算法。

在需要对图片或视频进行标注时，使用 OpenCV 可以使标注变得直接和简单。它有以下几种功能。

（1）在演示图片中添加相关信息。

（2）在物体检测中使用方框标注目标物体。

（3）在图片分割中使用不同颜色来修改图片像素。

（4）在 OpenCV 中调用 circle()函数，对应的语法为 circle(image, center_coordinates, radius, color, thickness)，就像大多数 OpenCV 中的函数一样，第一个参数为图片；中间的两个参数定义了圆的中心坐标及它的半径；最后两个参数说明圆的颜色和宽度。

接下来以代码的形式来展示一下标注的具体流程。

任务实施

2.3.1 数据的标注

先通过 OpenCV 模块加载图片，这里以一张狗的图片为例，如图 2-78 所示。

图 2-78 狗的图片

现在需要标识狗脸部的位置。通过 OpenCV 提供的 imread 方法加载图片。

```
import cv2
# 加载图片
img = cv2.imread('simple.png')
# 验证图片是否有效
if img is None:
    print('Could not read image')
# 复制图片
imageCircle = img.copy()
```

加载完图片后，设置标注的位置及圆的半径。通过 circle 函数将圆标注在指定位置即可，这里以红色的圆为例。

```
# 设置需要绘制的圆形区域
circle_center = (415, 190)
# 设置圆的半径
radius = 100
# 调用circle方法根据指定圆形参数在图片上进行图形标注
cv2.circle(imageCircle, circle_center, radius,
          (0, 0, 255), thickness=3, lineType=cv2.LINE_AA)
```

最后，通过 OpenCV 模块提供的 imshow 函数显示标注后的图片信息。

```
# 显示标注后的图片
cv2.imshow("Image Circle", imageCircle)
cv2.waitKey(0)
```

标注后的图片如图 2-79 所示，成功将狗脸部通过红色的圆进行了标注，除了可以对图片进行标注，还可以对语音等信息进行标注，这里不过多赘述。

图 2-79　标注后的图片

2.3.2　数据集的制作

数据集又称为资料集、数据集合或资料集合，是一种由数据所组成的集合。

由于计算机不擅长理解语言本身的逻辑和思维，因此制作数据集可以规范输入计算机的数据信息，从而让计算机便于从数据中学习到规律和特征。

对于使用者而言，量化机器学习的效果是很难的，数据集的制作便于在一定的范围内评估机器学习的效果。

为了能够得到更加精准的预测结果，一般需要将采集到的数据进行分类，并给每一类的数据贴上标签，如图 2-80 所示。

图 2-80　图片数据集

在整个训练（学习）流程中，一般会将数据集分为 3 组：训练集、验证集、测试集。训练集用于训练模型参数（权重和偏置量），验证集用于确定模型超参数（网络层数、隐藏层层数、训练轮数等），测试集用于评估模型。接下来详细介绍一下关于数据集的制作及制作过程中的相关概念和公式。

深度学习技术应用

数据模型

数据模型（Data Model）是数据特征的抽象，它从抽象层次上描述了系统的静态特征、动态行为和约束条件。假设有一组图片，想基于这些图片制作一个模型用来判断图片是否为汉堡，如图 2-81 所示。

图 2-81　汉堡图片

同时，我们也希望通过准确率、精确率、召回率等因素判断模型效果，如图 2-82 所示。

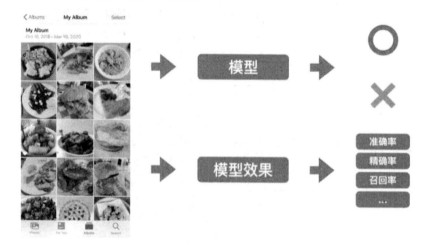

图 2-82　模型效果

这里先从数学的角度解释一下模型到底是什么。假设坐标轴中有 3 个点 A、B、C，这 3 个点正好在一条直线上，现在知道 A、B 两点的横、纵坐标，同时还知道 C 点的横坐标，如图 2-83 所示。希望通过已有的坐标轴上的点来推理出 C 点的纵坐标，这个过程可以理解为预测。

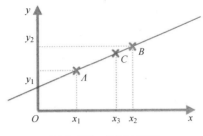

图 2-83　坐标轴界面

那么，如何才能知道 C 点的纵坐标呢？只需要将这条直线设置为 $y = kx + b$，其中 k 和 b 是未知数，如图 2-84 所示，这条直线穿过了 3 个点。

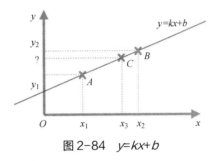

图 2-84　$y=kx+b$

将 A、B 两点的横、纵坐标代入公式后，即可求出 k 和 b 的结果，再将 C 点的横坐标代入公式，即可求出 C 点的纵坐标值。对于 A、B、C 三个点对应的横、纵坐标数据而言，$y = kx + b$ 这个公式就是所谓的数据模型，如图 2-85 所示。

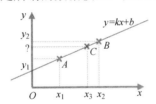

图 2-85　模型推理过程

如果把 A、B 两个点理解为原有的照片，它们就称为初始数据集。横坐标为 Feature，也就是特征；纵坐标为 Target，也就是目标结果，如图 2-86 所示。

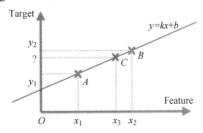

图 2-86　特征-目标结果关系坐标轴

对已有的数据进行计算分析，得到 $y = kx + b$ 中 k 和 b 的过程称为模型训练，而把 C 点代入公式得出结果的过程称为模型预测，如图 2-87 所示。模型训练的过程就是反复通过已有的点计算获取 $y = kx + b$ 公式中的未知数。当然，在实际开发中，不可能所有的数据全都分布在一条直线上，有些数据可能无法准确落到直线上，需要找到一条最能描述所有点的特征线段来描述数据的规律。通过反复的推理计算，确定最终的未知数值后，再将新的数据代入公式即可得到模型预测的结果。

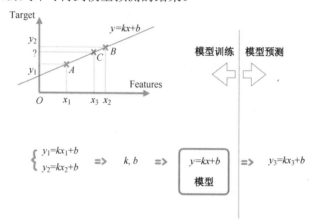

图 2-87　模型训练与模型预测

数据集的划分

在实际开发中，数据的规律不是那么容易找到的，为了确保数据模型的准确性，往往需要对训练出的最终模型进行校验，判断其预测的准确率，从而对模型进行调优等操作。一般会将所有的初始数据划分为训练集和测试集，如图 2-88 所示。

数据集的划分

图 2-88　数据集的划分

训练集中的数据就是为了训练模型，计算模型对应的函数中的未知变量，而测试集的目的就是求各样本对应的预测值，从而和真实的结果进行对比分析，达到对模型评估的作用。换言之，模型训练好后，一定要验证其准确性，不能拿新的数据直接预测，就可以利用已有的数据集的一部分进行预测校验，如图 2-89 所示。

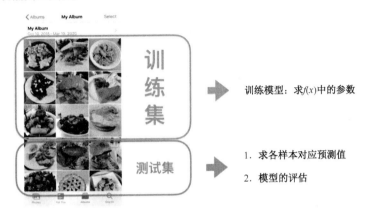

图 2-89　训练集与测试集的作用

由于真实数据的复杂度往往较大，因此很难通过训练集直接得到准确的数据模型。这时需要设置一个新的变量——超参数。不同的超参数可以得到不同的数据模型，如图 2-90 所示。

图 2-90　超参数的概念

针对同一种类型的数据，通过改变超参数，可以设置不同种类的模型进行预测。所谓超参数，就是机器学习模型里面的框架参数，如聚类方法里面类的个数，或话题模型里面话题的个数等，都称为超参数。超参数跟训练过程中学习的参数（权重）是不一样的，超参数通常由手工设定，需要不断进行试错调整，或对一系列穷举出来的参数组合进行枚举（网格搜索）。深度学习和神经网络模型中有很多这样的参数需要学习，如图 2-91 所示。

既然通过改变超参数可以设置不同种类的模型，那么哪种模型才是最优解呢？要解决这个问题，就需要在原有测试集的基础上再衍生出一个新的数据集，即验证集（Validation），通过改变超参数，设置不同种类的模型，重新在验证集上训练模型，直到找到最优模型为止，最终调用测试集进行模型的评估从而完成最终预测，这就是多种模型的选择，如图 2-92 所示。

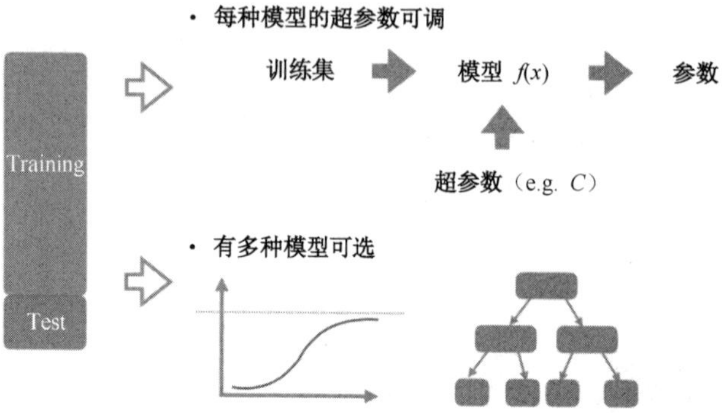

· 每种模型的超参数可调
Training
Test
训练集
模型 f(x)
参数
超参数（e.g. C）
· 有多种模型可选

图 2-91　不同超参数的模型

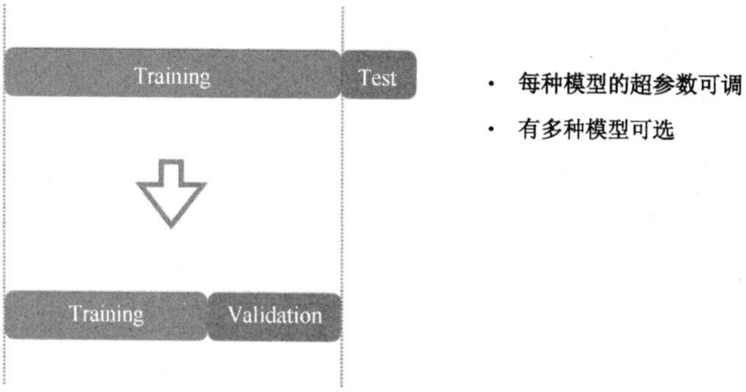

Training
Test
Training
Validation
· 每种模型的超参数可调
· 有多种模型可选

图 2-92　多种模型的选择

交叉验证

交叉验证（Cross-Validation）主要用于建模应用，如 PCR、PLS 回归模型。在给定的模型样本中，拿出大部分样本进行建模，留下小部分样本用刚建立的模型进行预测，并求这小部分样本的预测误差，记录它们的平方和。我们希望通过已有的数据集，对数据进行模型训练，最终对图片进行预测，判断图片是否为汉堡，如图 2-93 所示。

My Album
训练集
验证集
测试集

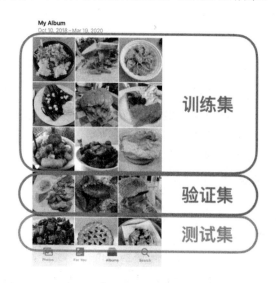

图 2-93　交叉验证

这里以简单的逻辑回归模型为例，通过设置不同的超参数，改变模型的种类，从而在验证集上验证模型的准确率。可以看出，不同超参数在验证集上验证后的准确率是不同的，如图 2-94 所示。当超参数取 1 的时候，准确率是最高的。

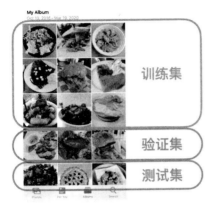

图 2-94　超参数与准确率

但是这种传统的方式可能会带来一些问题。例如，现在将所有数据集按照 6:2:2 的比例划分成训练集、验证集和测试集，超参数与准确率的关系如图 2-95 所示。可以看出，曲线的最高点就是准确率最高的地方，这里的超参数就是最优解。

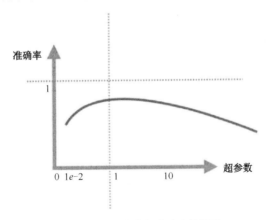

图 2-95　超参数与准确率的关系

然而，如果训练集和测试集按照 6:2 的比例划分，可以有很多种划分方式，比如图 2-96 所示的划分方式。若在保持比例不变的情况下，再次划分训练集和验证集，则会得到一个新的曲线，如图 2-97 所示。不难发现，图 2-97 中的最高准确率对应的超参数和图 2-96 中不同。

通过以上分析得出一个结论：当数据集不大的时候，不同的划分方式会使训练得到的模型具有差异，可能无法得到最优的超参数和准确率的组合。这时就需要使用交叉验证的方式来取得最优的超参数和准确率组合。具体的操作方式：在设置一个固定超参数后，通过数据集的不同划分方式得到不同的准确率结果，将这些结果取一个平均值后，即可得到最终的准确率结果，如图 2-98 所示。

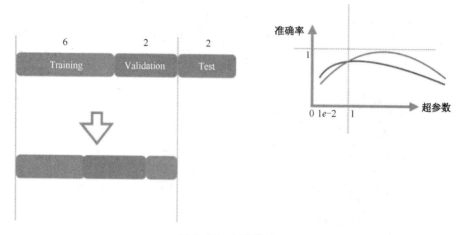

图 2-96　新曲线图 1

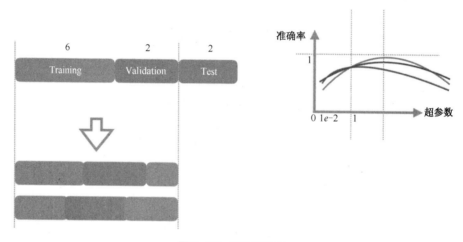

图 2-97　新曲线图 2

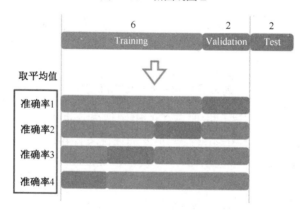

图 2-98　准确率结果

以此类推，设置不同的超参数，每次都取不同划分方式的准确率的平均值，这种形式就称为 4 折交叉验证。当然还有 k 折交叉验证、留一交叉验证等交叉验证的方式，其中 k 折交叉验证就是数字取值不同而已，如 6 折交叉验证、8 折交叉验证，如图 2-99 所示。不过选择交叉验证方式的最终目的是检验机器学习模型对问题解决的能力。

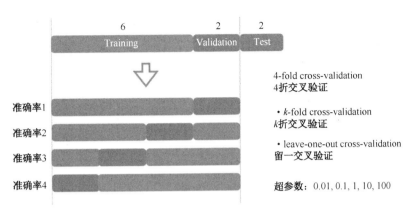

图 2-99 交叉验证种类

准确率、精确率、召回率

这里重点讲解模型评估中出现的准确率、精确率、召回率分别是什么，以及它们是如何通过计算得到的。首先设置 9 张图片，通过分类器 A 对图片进行分类并判断每张图片是否是汉堡，最终得到分类后的结果，再和初始结果进行匹配，可以得到一张分类结果矩阵图，如图 2-100 所示。

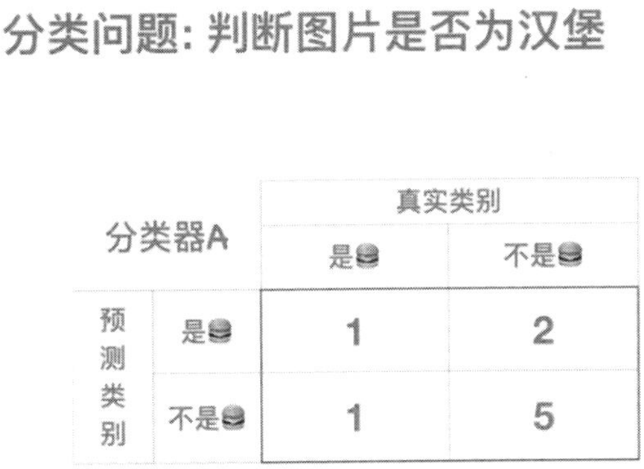

分类问题: 判断图片是否为汉堡

分类器A	真实类别	
	是	不是
预测类别 是	1	2
预测类别 不是	1	5

图 2-100 分类结果矩阵图

通过纵向观察可以看出，真实类别中是汉堡的图片有 2 张，而其余 7 张图片则不是汉堡，如图 2-101 所示。

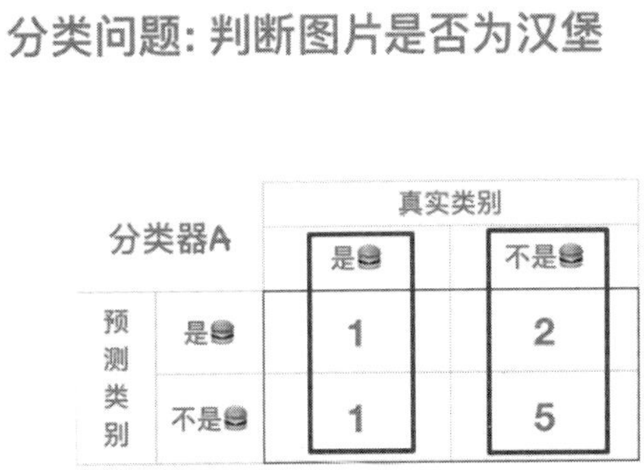

分类问题: 判断图片是否为汉堡

分类器A	真实类别	
	是	不是
预测类别 是	1	2
预测类别 不是	1	5

图 2-101 真实类别分类结果

通过横向观察可以看出，分类器 A 识别并预测后的结果中，有 3 张图片是汉堡，而其余 6 张图片则不是汉堡，如图 2-102 所示。

分类问题：判断图片是否为汉堡

分类器A		真实类别：是🍔	真实类别：不是🍔
预测类别	是🍔	1	2
预测类别	不是🍔	1	5

图 2-102　分类器 A 的分类结果

这时，设置一个分类器 B，再次对 9 张图片进行分类预测，得到一张新的分类结果矩阵图，如图 2-103 所示。那么这时到底是分类器 A 识别准确还是分类器 B 识别准确呢？

分类器B		真实类别：是🍔	真实类别：不是🍔
预测类别	是🍔	2	3
预测类别	不是🍔	1	3

图 2-103　分类器 B 的分类结果

面对这个问题，首先要考虑分类器到底分对了多少。这个结果通常用准确率表示，将分类器预测成功的结果与图片总数相除后得到的数据称为准确率，也就是分类器识别成功的比例，如图 2-104 所示。

分类器A		真实类别：是🍔	真实类别：不是🍔
预测类别	是🍔	1	2
预测类别	不是🍔	1	5

准确率 (Accuracy)
= (1+5) / (1+2+1+5) = 0.67

1. 分类器到底分对了多少?

图 2-104　准确率的计算过程

还需要考虑通过分类器检索识别成功的汉堡图片有多少张（返回的图片中正确的有多少张），就需要用精确率来表示。用预测正确的汉堡图片数量除以预测的汉堡图片总数，就可以得到精确率，如图 2-105 所示。

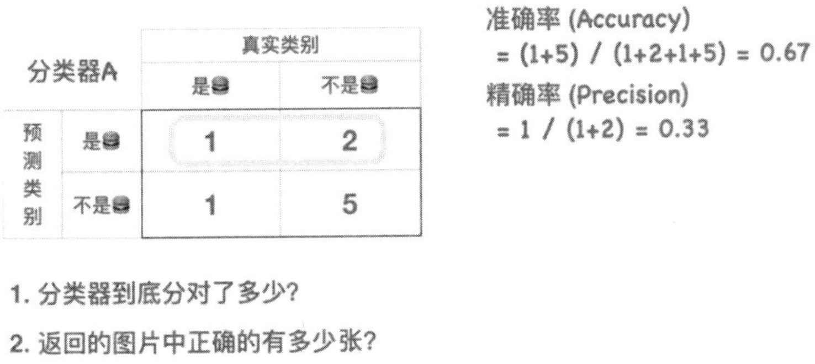

图 2-105　精确率的计算过程

最后需要考虑的就是有多少张应该返回的图片没有找到。用预测正确的汉堡图片数量除以实际上的汉堡图片数量，即可得到召回率，如图 2-106 所示。

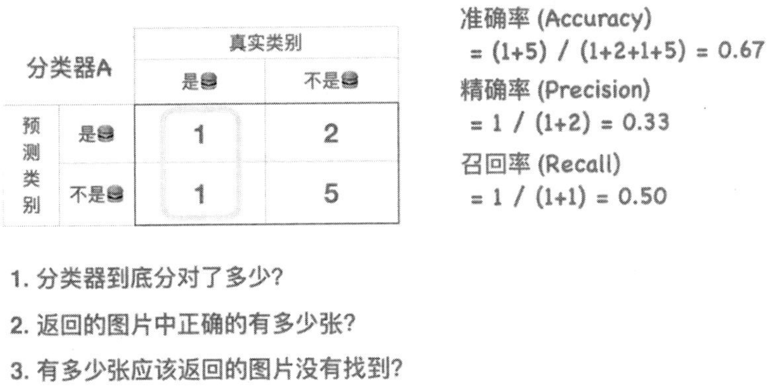

图 2-106　召回率的计算过程

综合比较两个分类器中的准确率、精确率和召回率，就可以知道哪个分类器识别更准确了。

代码演示

接下来通过实际的代码来演示一下如何加载指定路径下的图片信息，并对加载后的图片进行数据集划分，查看划分的结果。导入相关的第三方库：

```
import os
import cv2
import numpy as np
import random
from sklearn.model_selection import train_test_split
from keras.utils import np_utils
```

定义函数用于加载指定路径下的图片，先定义一个列表，然后将指定路径下的所有文件进行校验，将所有图片格式的文件路径存储到列表中，再返回列表。

```python
# 输入图片文件夹的路径，保存文件夹下所有的图片路径到一个列表里面
def get_files(input_dir):
    file_list = []
    for (path, dir_name, file_names) in os.walk(input_dir):
        # path: 顶层文件夹
        # dir_name: （如果有）当前文件夹下的文件夹
        # file_names: 包含当前文件夹下所有文件名的列表
        for file_name in file_names:
            if file_name.endswith('.jpg') or file_name.endswith('.png') or file_name.endswith('.bmp'):
                # 完成的图片路径
                full_img_path = os.path.join(path, file_name)
                # 将图片路径添加到列表里面
                file_list.append(full_img_path)
    return file_list
```

由于初始图片大小不一致，因此需要将图片大小统一，方便后续的模型训练。

```python
# 读取图片并调整图片大小，生成对应的label列表
def read_img_label(file_list, label, size):
    imges = []
    labels = []
    for img_path in file_list:
        img = cv2.imread(img_path)
        # 调整图片大小
        img = cv2.resize(img, (size, size))
        imges.append(img)
        labels.append(label)
    return imges, labels
```

本项目主要识别的动物类别为猫和狗，设置的两种标签分别为 cat 和 dog，接下来设置每一张图片的标签，并将所有处理后的猫和狗的图片列表信息整合后返回。

```python
# 读取含有两个类别的数据集文件夹，设置标签值，合并图片列表和标签列表
def read_datasets(data_dir, class_1, class_2, size):
    # data_dir: 数据集目录名
    # class_1: 类别1目录名
    # class-2: 类别2目录名

    label_1 = 0
    label_2 = 1
    class_dir_1 = os.path.join(data_dir, class_1)
    class_dir_2 = os.path.join(data_dir, class_2)

    file_path_1 = get_files(class_dir_1)
    file_path_2 = get_files(class_dir_2)

    imges_1, labels_1 = read_img_label(file_path_1, label_1, size)
    imges_2, labels_2 = read_img_label(file_path_2, label_2, size)

    img_array = np.array(imges_1 + imges_2)
```

```
        label_array = np.array(labels_1 + labels_2)

        return img_array, label_array
```

定义函数用来进行数据集的划分，这里以简单的训练集和测试集进行划分：

```
# 划分成训练集和测试集
def load_data(data_dir, class_1, class_2, size):
    imges, labels = read_datasets(data_dir, class_1, class_2, size)
    imges = imges.reshape(imges.shape[0], size, size, 3)
    x_train, x_test, y_train, y_test = \
        train_test_split(imges, labels, test_size=0.3,
random_state=random.randint(0, 100))
        return (x_train, y_train), (x_test, y_test)
```

调用上述所有的函数完成数据集划分，这里以 datasets 文件夹为例，将猫和狗的图片按照不同的文件夹进行存储，然后加载图片划分数据集，最终输出数据集划分的结果：

```
(x_train, y_train), (x_test, y_test) = load_data('./datasets', 'cats',
'dogs', 416)

x_train = x_train.astype('float32') / 255
x_test = x_test.astype('float32') / 255

y_train = np_utils.to_categorical(y_train, 2)
y_test = np_utils.to_categorical(y_test, 2)

print(x_train)
print(x_test)
print(y_train)
print(y_test)
```

任务小结

思政小结

数据的清洗是整个项目的重中之重，造成切尔诺贝利核事故的原因之一是试验当班负责人在试验操作过程中没有秉持严谨负责的工作态度，没有完全遵守试验大纲，这值得警醒。在项目开发的前期，数据清洗就是对数据进行筛选，提取有用的数据进行后续的分析，如果清洗环节省略或者不严谨，那么很有可能对后续模型的制作和预测产生更大的误差。

总结

本章介绍了 Python 数据爬取技术，并对数据进行预处理操作，借助数据库实现了数据的持久化存储，重点针对数据集的划分及数据集的划分涉及的算法和思想进行了详细的介绍。

项目 3

动物识别模型的开发

项目情境

如何开发一个软件来确定狗和猫的图片之间的区别？创建算法来区分猫和狗的图片的效果并不直观或不明显。因此，与其尝试构建一个基于规则的系统来描述每个类别（狗与猫）的外观，不如采用数据驱动的方法，提供每个类别的外观特征，然后用特征识别不同类别。

数据驱动方法中的示例称为标记图片的训练数据集，训练数据集中的每个数据点包括一张图片、图片的标签/类别（猫、狗等），就是提前告诉计算机每张图片的种类，因为监督学习算法需要看到这些标签来"自学"如何识别每个类别。本项目先演示开发环境的搭建，再对神经网络和模型训练展开讲解。

项目分解

本项目的主要内容为结合各个深度学习神经网络模型的特性，为应用场景选择合适的深度学习模型，使用深度学习框架搭建多种经典神经网络模型结构，掌握深度学习模型的训练流程和训练方法，最终得到模型文件。本项目共分为以下 4 个任务。

任务 1　搭建基于前馈神经网络的动物识别模型
任务 2　认识卷积神经网络
任务 3　搭建基于卷积神经网络的动物识别模型
任务 4　动物识别模型的训练、优化、保存

学习目标

知识目标：

（1）神经元的基础结构。
（2）前馈神经网络的结构。
（3）激活函数的用途。
（4）损失函数的用途。
（5）梯度下降法的原理。
（6）卷积层的工作原理。
（7）池化层的工作原理。
（8）全连接层的工作原理。

（9）TensorFlow 模型的构建。

（10）TensorFlow 模型的训练。

（11）TensorFlow 模型的调试。

（12）TensorFlow 模型的载入。

能力目标：

（1）能够结合各个深度学习神经网络模型的特性，为应用场景选择合适的深度学习神经网络模型。

（2）能够使用深度学习框架搭建多种经典神经网络模型结构。

（3）能够掌握深度学习模型的训练流程和训练方法，最终得到模型文件。

（4）能够对深度学习模型进行模型测试、评估与参数调整。

（5）能够计算模型在测试集上的准确率与损失，调整模型参数。

素养目标：

（1）培养学生养成发现工具的意识。

（2）提升学生借助工具解决实际问题、发挥工具最大价值的能力。

（3）培养学生使用辩证唯物主义认识事物的能力。

（4）培养学生分析问题的能力。

任务 1　搭建基于前馈神经网络的动物识别模型

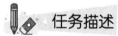 **任务描述**

人工神经网络（Artificial Neural Network，ANN）简称神经网络（Neural Network，NN），具有以下特点。

- 神经网络能模仿生物神经网络（特别是大脑）的结构和功能。
- 神经网络是一种数学模型或计算模型，用于对函数进行估计或近似。
- 神经网络具备学习功能，能够通过接收外部信息信息改变内部结构，是一种自适应系统。

本任务通过加载已有的数据集，搭建前馈神经网络，对指定猫的图片进行识别并返回预测识别结果，使读者简单了解利用前馈神经网络识别动物的流程。

 任务分析

1）技术分析

本任务的主要内容是通过介绍神经元与神经网络的构成和工作原理，引申前馈神经网络的工作原理，并基于代码的形式构建前馈神经网络，完成动物图片的识别。

2）需要具备的职业素养

培养学生使用辩证唯物主义分析、解决问题的能力；培养学生举一反三和进行知识迁移的能力。

3.1.1 神经网络的工作原理

神经元是神经网络的重要组成部分，神经元模型是一个包含输入、输出与计算功能的模型。输入可以类比神经元的树突，而输出可以类比神经元的轴突，计算则可以类比神经元细胞核。神经元的结构如图 3-1 所示。

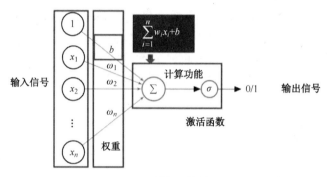

图 3-1 神经元的结构

神经网络则是指多个神经元并列组成神经网络层，多个神经网络层互连组成神经网络模型。神经网络由输入层（Input Layer）、隐藏层（Hidden Layer）、输出层（Output Layer）组成。隐藏层的层数通常需要进行调整，可为一层或多层。神经网络的基本结构如图 3-2 所示，每根连接线在神经网络经过训练后拥有自己的权重。

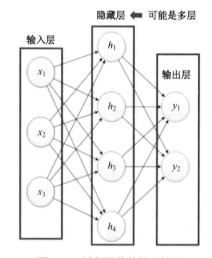

图 3-2 神经网络的基本结构

神经网络或深度学习的主要目的是对数据进行分类。无论是图片识别，还是文字识别，或是语音识别及更高级的无人驾驶，其核心都可以归类为对数据的有效分类，这就很像乘客在机场进行各种安检、排队、分流等操作。如果把神经网络比作机场，那么乘客就是输入的数据，乘客乘坐的飞机就是输出的分类结果。神经网络的工作原理如图 3-3 所示。

图 3-3　神经网络的工作原理

　　神经网络要做的事就是让乘客有效地办理登机手续、安检、验票、查护照、过海关及登机。假设现在只有一架飞机，那么所有的乘客最终都需要汇入一个通道进行登机，这种情况就叫作线性叠加，如图 3-4 所示。

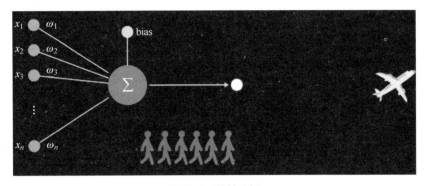

图 3-4　线性叠加

　　如果用公式和坐标轴进行数据展示，线性叠加就是一个很简单的直线方程，但是如果人数过多，就需要进行排队，这种情况就叫作引入非线性操作，需要将数据代入激活函数，这就是传统的神经元模型，也可以称为感知机模型，如图 3-5 所示。

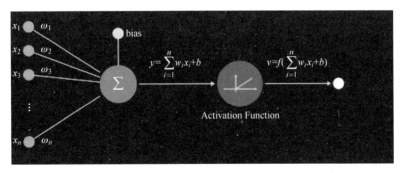

图 3-5　感知机模型

　　如同队伍可以排成直线或曲线，激活函数也可以根据数据是否线性相关，分为很多种类型。但是从本质上来说，激活函数的目的就是改变队伍的形状，如图 3-6 所示。

　　以上就是神经网络的基本构成。

图 3-6 激活函数改变队伍形状

3.1.2 ReLU 激活函数

激活函数（Activation Function）就是在人工神经网络的神经元上运行的函数，负责将神经元的输入映射到输出端。

人们经过多年研究发现，ReLU 激活函数是解决线性相关问题最有效的函数。以上一小节讲到的神经网络工作原理为例，如果将输入的数据比作机场的乘客，输出的结果比作乘客的航班，神经网络的目的就是识别出各乘客应该乘坐的飞机，并对所有乘客进行分类和规划的操作。而这种线性相关的函数就好比在排队时出现的隔离柱，将乘客按照指定的路径进行分类和规划，其示意图如图 3-7 所示。

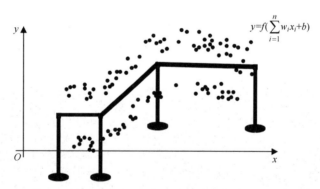

图 3-7 分类和规划示意图

现在把乘客当作数据，需要对数据进行分类和规划，引入激活函数后，可以用隔离柱来规范乘客从输入到输出的分类，其示意图如图 3-8 所示。

而激活函数中的 w 和 b 就如同隔离柱的摆放角度和初始位置一样，无论如何摆放，数据最终一定以线性的方式移动。这样，无论最终有多少个登机口，只需要不停摆放不同的隔离柱即可，其示意图如图 3-9 所示。

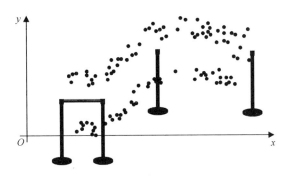

图 3-8　引入激活函数示意图

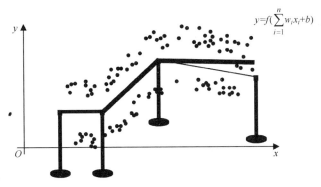

$$y=f(\sum_{i=1}^{n} w_i x_i + b)$$

图 3-9　引入隔离柱示意图

　　这样看来，只需要一次排队就能解决所有问题，但是为什么神经网络要有那么多个隐藏层呢？这个问题很好解释。在机场中，办理登机手续需要排队，安检需要排队，检票登机还需要排队，如图 3-10 所示。每次乘客都需要经过先汇聚，再分类分流，这样层层筛选后才能登上正确的飞机。

图 3-10　登机流程图

　　需要这么多流程的原因其实也很简单：每个乘客的目的地、出发时间、携带的物品等特征都是不相同的，而机场的不同机构对乘客的身份、安全、行李、证件等关注点也有所不同。需要使用多层神经网络的原因也与此类似。而 ReLU 激活函数正是在每一层中起到了重新分类的作用。

3.1.3 前馈神经网络概述

前馈神经网络也叫作多层感知机，是一种经典的深度学习模型，它以上一层输出作为下一层输入，网络中无回路，输入的信息总是向前传播的。在神经网络训练过程中，输入/输出层节点数通常固定，隐藏层节点数根据网络效果调节。

神经网络结构在训练过程中的重点是确定神经元之间的连接线的权重。

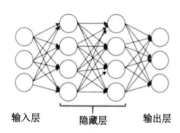

图 3-11　简单的前馈神经网络结构

图 3-11 所示为简单的前馈神经网络结构，其包含一个输入层、一个输出层、两个隐藏层。

每个神经元（除输入层）接收多个输入，神经网络接收一个输入（单个矢量）。每个隐藏层由一组带权重和偏置的神经元组成，每个神经元完全连接到前一层的所有神经元，对它们进行加权求和，将值传递给一个激活函数得到输出作为响应，单层神经元完全独立运行，不共享任何连接。在分类模型中，神经元值表示类别分数（分数越高，表示对应类别概率越大），图 3-12 所示为前馈神经网络整体架构。

神经网络结构在训练过程中的重点是确定神经元之间的连接线的权重$w_{jk}^{(l)}$

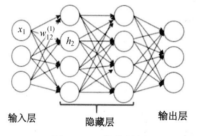

l为权值所连接的隐藏层层数（或输出层）
j和k分别为连接神经元的序号

图 3-12　前馈神经网络整体架构

前馈神经网络中设计隐藏层的好处就是提高训练效果，可以靠增加隐藏层节点数来获得较低的误差，比增加隐藏层数更容易实现，如图 3-13 所示。没有隐藏层的神经网络模型，实际上就是一个线性或非线性回归模型。隐藏层的节点数量设计通常与以下 4 种情况有关：输入/输出层的节点数、需要解决的问题的复杂程度、激活函数的型式、样本数据的特性。

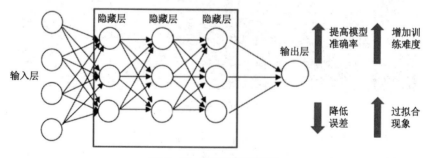

图 3-13　隐藏层设计结构

3.1.4 搭建基于前馈神经网络的动物识别模型

本任务通过代码实现基于前馈神经网络的动物识别，这里通过加载训练好的动物识别模型进行演示。

首先引入搭建前馈神经网络的相关模块，其中 lr_utils 和 dnn_utils 为预先下载好的工具文件，用于设定激活函数和加载数据集。调用 load_dataset()函数加载数据集。

```python
import numpy as np  # numpy科学计算库
from PIL.Image import Image
from lr_utils import load_dataset  # 加载本数据集的资料包
import matplotlib.pyplot as plt  # 绘制图表
from dnn_utils import sigmoid, sigmoid_backward, relu, relu_backward

# 加载数据集
train_x, train_y, test_x, test_y, classes = load_dataset()
```

load_dataset()函数为下载好的 lr_utils 文件中预定的函数，由代码可以看出，通过 h5Py 可以加载训练好的动物识别模型，为后续的预测提供准备条件。

```python
def load_dataset():
    train_dataset = h5py.File('datasets/train_catvnoncat.h5', "r")
    train_set_x_orig = np.array(train_dataset["train_set_x"][:])  # your train set features
    train_set_y_orig = np.array(train_dataset["train_set_y"][:])  # your train set labels

    test_dataset = h5py.File('datasets/test_catvnoncat.h5', "r")
    test_set_x_orig = np.array(test_dataset["test_set_x"][:])  # your test set features
    test_set_y_orig = np.array(test_dataset["test_set_y"][:])  # your test set labels

    classes = np.array(test_dataset["list_classes"][:])  # the list of classes

    train_set_y_orig = train_set_y_orig.reshape((1, train_set_y_orig.shape[0]))
    test_set_y_orig = test_set_y_orig.reshape((1, test_set_y_orig.shape[0]))
```

加载完数据集后，将数据集分为训练集和测试集，然后分别输出训练集和测试集的数据信息。

```python
# 输出索引为1的图片
index = 1
plt.imshow(train_x[index])
print("y=" + str(train_y[:, index]) + ",it is a " + classes[np.squeeze(train_y[:, index])].decode("utf-8"))

# 输出索引为2的图片
index = 2
```

```
    plt.imshow(train_x[index])
    print("y=" + str(train_y[:, index]) + ",it is a " +
classes[np.squeeze(train_y[:, index])].decode("utf-8"))


    # 查看数据集具体情况
    m_train = train_y.shape[1]   # 训练集样本数量
    m_test = test_y.shape[1]   # 测试集样本数量
    num_px = train_x.shape[1]   # 图片的宽/高
    print("训练集样本数量: " + str(m_train))
    print("测试集样本数量: " + str(m_test))
    print("每张图片的宽/高: " + str(num_px))
    print("每张图片的大小: (" + str(num_px) + ", " + str(num_px) + ", 3)")
    print("训练集图片维度: " + str(train_x.shape))
    print("训练集标签维度: " + str(train_y.shape))
    print("测试集图片维度: " + str(test_x.shape))
    print("测试集标签维度: " + str(test_y.shape))
```

数据集测试结果如图 3-14 所示,训练样本和测试样本的比例大约是 4：1,每张图片的大小是固定的,维度中的 3 表示每个像素点由三原色构成。

训练集样本数量: 209

测试集样本数量: 50

每张图片的宽/高: 64

每张图片的大小: (64, 64, 3)

训练集图片维度: (209, 64, 64, 3)

训练集标签维度: (1, 209)

测试集图片维度: (50, 64, 64, 3)

测试集标签维度: (1, 50)

训练集降维后的维度: (12288, 209)

测试集降维后的维度: (12288, 50)

图 3-14 数据集测试结果

接下来通过代码对像素进行归一化处理,因为在深度学习神经网络训练时,一般使用较小的权重值来进行拟合,所以当训练数据的值是较大整数时,可能会减慢模型训练的过程。

若将图片输入神经网络之前对图片进行像素值归一化的处理,也就是将像素值缩放到 0~1,则能避免很多麻烦。

```
    # 由于需要处理二维矩阵,因此需要降维
    # 把3个二维图片依次拉伸为(num_px)^2,再把m_train个样本列堆积
    train_x_flatten = train_x.reshape(train_x.shape[0], -1).T
    test_x_flatten = test_x.reshape(test_x.shape[0], -1).T
    print("训练集降维后的维度: " + str(train_x_flatten.shape))
    print("测试集降维后的维度: " + str(test_x_flatten.shape))


    # 对像素值0~255进行归一化处理,对图片简单除以255即可
    train_x1 = train_x_flatten / 255
```

```
test_x1 = test_x_flatten / 255
```

设置函数 initialization 用于返回神经网络的参数，参数通过随机数生成。为了防止参数范围过大，将随机结果乘 0.1 处理。

```
# 浅层神经网络的参数的随机初始化
def initialization(n_x, n_h, n_y):
    W1 = np.random.randn(n_h, n_x) * 0.1  # 乘0.1是为了使初始化的参数尽可能小

    b1 = np.random.randn(n_h, 1)
    W2 = np.random.randn(n_y, n_h) * 0.1
    b2 = np.random.randn(n_y, 1)

    parameters = {
        "W1": W1,
        "b1": b1,
        "W2": W2,
        "b2": b2
    }
    return parameters
```

设置函数 linear_forward 进行前向传播的线性处理。为了解决非线性问题，还需要引入激活函数进行非线性处理。

```
# L层神经网络的随机初始化
def initialization_deep(layer_dims):
    L = len(layer_dims)
    parameters = {}
    for l in range(1, L):
        parameters["W" + str(l)] = np.random.randn(layer_dims[l],
layer_dims[l - 1]) / np.sqrt(
            layer_dims[l - 1])  # 除以平方根来防止梯度爆炸/消失
        parameters["b" + str(l)] = np.zeros((layer_dims[l], 1))
    return parameters



# 前向传播的线性处理
def linear_forward(A, W, b):
    Z = np.dot(W, A) + b
    cache = (A, W, b)
    return Z, cache
```

自定义函数 linear_backward 进行反向传播处理，对数据结果进行线性处理。

```
# 反向传播的线性过程
def linear_backward(dZ, cache):
    A_prev, W, b = cache
    m = A_prev.shape[1]
    dW = np.dot(dZ, A_prev.T) / m
    db = np.sum(dZ, axis=1, keepdims=True) / m
    dA_previous = np.dot(W.T, dZ)
    return dA_previous, dW, db
```

设置自定义函数用于反向传播处理，引入激活函数对结果进行非线性处理。这里反向传播的主要目的是减少模型训练过程中的误差。

```python
# 反向传播的线性过程
def linear_backward(dZ, cache):
    A_prev, W, b = cache
    m = A_prev.shape[1]
    dW = np.dot(dZ, A_prev.T) / m
    db = np.sum(dZ, axis=1, keepdims=True) / m
    dA_previous = np.dot(W.T, dZ)
    return dA_previous, dW, db


# 反向传播的线性和激活过程
def linear_activation_backward(dA, cache, activation):
    linear_cache, activation_cache = cache
    if activation == "relu":
        dZ = relu_backward(dA, activation_cache)
        dA_previous, dW, db = linear_backward(dZ, linear_cache)
    elif activation == "sigmoid":
        dZ = sigmoid_backward(dA, activation_cache)
        dA_previous, dW, db = linear_backward(dZ, linear_cache)
    return dA_previous, dW, db
```

设置循环反复进行前向传播和反向传播处理，这里设置两种激活函数，分别进行不同的操作，最终将反向传播后的数据存储到 grads 列表中。

```python
# 两层神经网络
def two_layer_model(X, Y, layers_dims, learning_rate=0.0075,
num_iterations=3000, print_cost=False, isPlot=True):
    grads = {}
    costs = []
    (n_x, n_h, n_y) = layers_dims
    parameters = initialization(n_x, n_h, n_y)

    W1 = parameters["W1"]
    b1 = parameters["b1"]
    W2 = parameters["W2"]
    b2 = parameters["b2"]

    for i in range(0, num_iterations):
        # 前向传播
        A1, cache1 = linear_activation_forward(X, W1, b1, "relu")
        A2, cache2 = linear_activation_forward(A1, W2, b2, "sigmoid")

        # 计算成本
        cost = compute_cost(A2, Y)
        # 反向传播
        dA2 = - (np.divide(Y, A2) - np.divide(1 - Y, 1 - A2))

        # 反向传播，输入：“dA2, cache2, cache1”。输出：“dA1, dW2, db2; 还
```

有dA0（未使用），dW1，db1"。

```
        dA1, dW2, db2 = linear_activation_backward(dA2, cache2,
"sigmoid")
        dA0, dW1, db1 = linear_activation_backward(dA1, cache1, "relu")

        # 反向传播完成后的数据保存到grads列表中
        grads["dW1"] = dW1
        grads["db1"] = db1
        grads["dW2"] = dW2
        grads["db2"] = db2

        # 更新参数
        parameters = update_parameters(parameters, grads,
learning_rate)
        W1 = parameters["W1"]
        b1 = parameters["b1"]
        W2 = parameters["W2"]
        b2 = parameters["b2"]

        # 打印成本值
        if i % 100 == 0:
            # 记录成本
            costs.append(cost)
            # 是否打印成本值
            if print_cost:
                print("第", i, "次迭代，成本值: ", np.squeeze(cost))
    # 迭代完成，根据条件绘制图
    if isPlot:
        plt.plot(np.squeeze(costs))
        plt.ylabel('cost')
        plt.xlabel('iterations (per tens)')
        plt.title("Learning rate =" + str(learning_rate))
        plt.show()

    # 返回parameters
    return parameters
```

反复更新参数以减少样本误差，保证预测准确率。

```
    # L层神经网络模型
    def L_layer_model(X, Y, layers_dims, learning_rate=0.0075,
num_iterations=3000, print_cost=False, isPlot=True):
        np.random.seed(1)
        costs = []
        parameters = initialization_deep(layers_dims)

        for i in range(0, num_iterations):
            AL, caches = L_model_forward(X, parameters)
            cost = compute_cost(AL, Y)
```

```
        grads = L_model_backward(AL, Y, caches)
        parameters = update_parameters(parameters, grads,
learning_rate)
        # 打印成本值，若print_cost=False，则忽略
        if i % 100 == 0:
            # 记录成本
            costs.append(cost)
            # 是否打印成本值
            if print_cost:
                print("第", i, "次迭代，成本值: ", np.squeeze(cost))
    # 迭代完成，根据条件绘制图
    if isPlot:
        plt.plot(np.squeeze(costs))
        plt.ylabel('cost')
        plt.xlabel('iterations (per tens)')
        plt.title("Learning rate =" + str(learning_rate))
        plt.show()
    return parameters
```

定义函数进行预测，调用 L_model_forward 传入参数，接收预测结果，将预测结果求和后计算平均值并输出。

```
# 预测
def predict(X, y, parameters):
    m = X.shape[1]
    n = len(parameters) // 2
    p = np.zeros((1, m))
    # 根据参数前向传播
    probas, caches = L_model_forward(X, parameters)

    for i in range(0, probas.shape[1]):
        # 根据概率的四舍五入，判断是否为猫
        if probas[0, i] > 0.5:
            p[0, i] = 1
        else:
            p[0, i] = 0

    print("准确度: " + str(float(np.sum((p == y)) / m)))
    return p
```

最后，调用上述设定的所有函数，对指定动物图片进行预测操作。

```
# 两层神经网络测试
n_x = 12288
n_h = 7
n_y = 1
layers_dims = (n_x, n_h, n_y)

parameters = two_layer_model(train_x1, train_y, layers_dims=(n_x, n_h,
n_y), learning_rate=0.0075, num_iterations=2500,
                    print_cost=True, isPlot=True)
```

```
    predictions_train = predict(train_x1, train_y, parameters)  # 训练集
    predictions_test = predict(test_x1, test_y, parameters)  # 测试集

    layers_dims = [12288, 20, 7, 5, 1]  # 5-layer model
    parameters = L_layer_model(train_x1, train_y, layers_dims,
learning_rate=0.0075, num_iterations=3000, print_cost=True,
                            isPlot=True)

    predictions_train = predict(train_x1, train_y, parameters)  # 训练集
    predictions_test = predict(test_x1, test_y, parameters)  # 测试集
```

这里以 cat.png 为例，进行预测并将预测结果输出。cat.png 如图 3-15 所示。

图 3-15　cat.png

```
    my_image = "cat.png"
    my_label = [1]
    fname = "./" + my_image
    image = np.array(plt.imread(fname))
    my_image = np.array(Image.fromarray(image).resize(size=(num_px,
num_px))).reshape((1, num_px * num_px * 3)).T
    my_predicted_image = predict(my_image, my_label, parameters)
```

以上就是关于前馈神经网络识别动物图片的所有代码。

3.1.5　反向传播算法

在通过前馈神经网络进行动物图片识别时，代码中不止一处涉及反向传播的思想，那么，什么是反向传播的思想呢？

在神经网络中，信息流都是前向传播的，每一层都会将数据提取到的特征传递给下一个层。引入激活函数实现非线性变换后，不同层级间反复迭代，直到输出最终的结果，这就是前向传播。前向传播如同人生一样，只能向前，不可逆转。但是，假设给你一个能够随意穿越到过去的能力，你会怎么做呢？这时，你就拥有了无限的可能去尝试，之

前做不好的事情，可以穿越到过去重新做，直到满意为止。这就是反向传播的思想。

神经网络一开始并不知道正确结果，所以在训练时只能以随机的参数开始，这种情况往往会导致初始误差较大。反向传播的核心思想就是将误差和正确结果告知前一层，让前一层重新设置参数，直到误差的波动变得稳定，如图 3-16 所示。

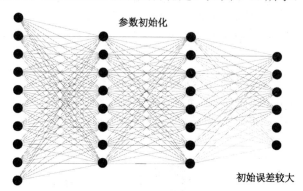

图 3-16　反向传播的核心思想

如何实现反向传播算法呢？抛开公式，先来举例介绍一下。如果我穿越到过去，想要凭借自己的努力在一年内赚 100 万元，于是我把目光投向了房地产，此时，100 万元就是我的期望值，在哪里买房子就是初始参数，随机设置一个初始参数，比如在 A 地买房子。随着时间的推移，过了一年（这时相当于前向传播）我把房子卖掉，发现才赚了 18 万元，与期望值 100 万元相差了 82 万元，那么这 82 万元就是误差，如图 3-17 所示。

100万元 - 18万元 = 82万元

图 3-17　误差结果示意图 1

于是我重新穿越到过去，这次选择在 B 地买房，一年后卖掉房子，赚了 99 万元，与期望值相差 1 万元，那么 B 地就是较合适的初始参数，如图 3-18 所示。当然，实际情况是需要反复尝试与修改的，这个过程结合梯度下降算法是最优的。

100万元 - 99万元 = 1万元

图 3-18　误差结果示意图 2

所以，对神经网络来说，成千上万个样本的一遍遍训练与反向传播就如同在丛林中不断寻找最优的路径，这样才能最终实现所谓的预测。

任务 2　认识卷积神经网络

　任务描述

卷积神经网络（Convolutional Neural Network，CNN）是一种专门用于处理类似网格

结构的数据的神经网络，被广泛地应用到图片识别、语音识别等各种场合，很多基于深度学习的图片识别方法都是以卷积神经网络为基础的。本任务主要介绍卷积神经网络的基本构成和应用其识图的基本原理。

任务分析

1）技术分析

本任务的主要内容是讲解卷积神经网络的基本组成及每一层的具体用法，需要使用 PyCharm 开发工具提前安装好 TensorFlow 相关库和 Keras 深度学习库。

2）需要具备的职业素养

培养学生认认真真、尽职尽责的敬业精神。

任务实施

3.2.1 卷积运算与卷积核的作用

通常情况下，卷积就是对两个函数或者数据的一种数学运算。卷积操作也可以达到加权平均的目的。在机器学习的应用中，可以使用卷积操作对有限的数组元素进行处理，该运算也是卷积神经网络的重要操作。

卷积运算的作用

当输入一张图片时，假设其大小为 400×400（这里的单位是像素），需要对每一个像素块进行计算从而获取图片的特征，这将对 PC 的内存带来巨大的挑战，并且在计算过程中，会使用太多的计算资源，需要的时间会很久。简单来说，图片中的每个像素都参与运算会浪费大量的时间和内存。卷积运算的作用就是减少输入图片的像素数量，通过提取图片的特征代替直接使用图片进行计算，从而提高图片处理的结果。

卷积运算的特点

卷积运算一般通过 3 个重要的思想来改进机器学习系统：稀疏交互、参数共享、等变表示。

1）稀疏交互

传统的神经网络使用矩阵的乘法来建立输入和输出的连接关系，参数矩阵的每一个单独的参数都描述了一个输入单元和一个输出单元之间的交互。而稀疏交互则意味着运算核远远小于输入。例如，当输入的图片可能包含了成千上万个像素点时，运算核的大小可能只有几十或上百个参数，并且可以利用这样的运算核实现对图片参数的计算。这样就实现了更少的参数、更低的计算量，以及更高的计算效率，且这种应用仍然能在机器学习的任务中取得很好的效果。

2）参数共享

参数共享是指在一个模型的多个函数中使用相同的参数。在传统的神经网络中，当计算一层的输出时，权重矩阵的每一个元素只使用一次，当它乘以输入的一个元素后就再也不会用到了。而在卷积神经网络中，运算核的每一个元素都作用在输入的每一个位置上，并不只运算一次。卷积运算中的参数共享只需要学习一个参数集合，并不是每一个位置都需要学习一个单独的参数集合。这虽然没有改变前向传播的运行时间，但是参数共享可以将模型的存储需求进一步降低。

3）等变表示

对于卷积，参数共享的特殊形式使得神经网络层具有对平移等变的性质。如果一个函数满足输入改变，输出也以相同的方式改变这一性质，那么可以将它理解为等变的。当对图片先进行平移变化，再进行卷积操作时，得到的结果与对其先进行卷积操作，再进行平移变化时得到的结果一致。在对图片进行边缘检测时，这样的性质具有很大的用处。

卷积运算的过程

卷积运算是指从图片的左上角开始，开一个与模板同样大小的活动窗口，窗口图片与模板像素对应起来相乘再相加，并用计算结果代替窗口中心的像素值。然后，活动窗口向右移动一列，并进行同样的运算。以此类推，从左到右、从上到下，即可得到一幅新图片。卷积运算示意图如图 3-19 所示。

图片 卷积特征

图 3-19 卷积运算示意图

图中的卷积核即为式（3-1）。

$$\begin{bmatrix} 1 & 0 & 1 \\ 0 & 1 & 0 \\ 1 & 0 & 1 \end{bmatrix} \tag{3-1}$$

3.2.2 池化的作用

卷积网络的典型层包括 3 层：在第一层中，多个卷积并行计算，产生一组线性激活响应；在第二层中，每个线性激活响应对应一个非线性的激活函数；在第三层中，使用池化函数来进一步调整输出。

池化函数

池化函数一般使用某个位置的相邻输出的总体统计特征来代替网络在该位置的输出。常用的池化函数有最大池化函数、平均池化函数。最大池化函数输出给定的矩形区域内的最大值。平均池化函数则输出给定矩形区域内所有像素值的平均值。池化过程如图 3-20 所示。

图 3-20　池化过程

池化的意义

由于池化综合了全部相邻像素的反馈，因此池化单元可能少于检测单元。通过综合池化区域的多个像素的统计特征，整个网络的计算效率提高了。因为下一层少了很多倍的数据输入，所以池化单元对参数的存储需求也减少了。在很多任务中，池化对于处理不同大小的输入有着很重要的作用，当对不同大小的图片进行分类时，可以通过调整池化区域的偏置大小来实现分类层输入大小的固定化，池化函数的存在使得一些利用自上而下信息的神经网络结构变得更加复杂。池化函数主要用于特征降维、压缩数据和参数的数量、减小过拟合等，同时可提高模型的容错性。

3.2.3　基本卷积函数的变体

在应用卷积神经网络时，通常使用的不是文献中特指的标准卷积，而使用的多为基本卷积函数的变体。

步幅、填充

在卷积的实际应用中，有时候会希望跳过一些位置，从而减少使用的计算资源，但是相应地，提取特征的效果会受到影响。这个过程可以看作卷积函数输出的下采样，即在输出的每个方向上，每隔 s 个像素进行采样，此时的 s 即为下采样卷积的步幅。

根据卷积网络的计算过程可以得知，输入的图片经过卷积操作之后，输出的宽度会随着卷积核的增大而减小。此时出现二选一的局面，要么选择网络空间宽度的快速缩减，要么选择一个较小的核。为了避免上述两种情况带来的限制，引出填充的概念。根据填充的方法，标准的卷积又分成 3 种不同的卷积。

1）有效（valid）卷积

有效卷积是指无论怎么样都不使用填充，并且卷积核只允许访问那些图片中能够完全包含整个核的位置。在这种情况下，输出的所有像素都是输入中相同数量像素的函数，这样输出像素的表示会更加规范。但这样的操作在一定程度上缩减了每一层的输出大小，也就限制了网络中能够包含的卷积层的层数。

2）相同（same）卷积

相同卷积使用足够的 0 填充来使输出和输入保持同样的大小。在这种情况下，只要硬件支持，网络即可包含任意多的卷积层，因为卷积运算并不改变下一层的结构。但这也会造成输入像素中靠近边界的部分比中间部分对输出的像素影响更小，有可能会造成边界像素存在一定程度的欠表示。

3）全（full）卷积

由于前两种情况都存在一定的缺点，因此全卷积应运而生。它使用了足够多的 0 填充，使得每个像素在每个方向恰好被访问 k 次。在这种情况下，输出的像素中靠近边界的部分相比于中间部分是更少像素的函数。这也导致获得一个在卷积特征映射的所有位置都表现不错的单核更为困难。

4）其他卷积

其他卷积还有两种基本卷积函数的变种：局部连接、平铺卷积。

局部连接层的优点是在每一个特征上都是一小块空间的函数，并且相同的特征不会出现在所有的空间上时，局部连接层能很好地采集到各处的特征。平铺卷积层是对局部连接层和卷积层的折中，既在近邻位置上拥有了不同的过滤器，又不会增加太大的存储开销。参数的存储需求仅会增长常数倍，这个常数就是核的集合的大小。其他卷积的运算示意图如图 3-21 所示（由上到下依次为局部连接层、平铺卷积层、标准卷积层）。

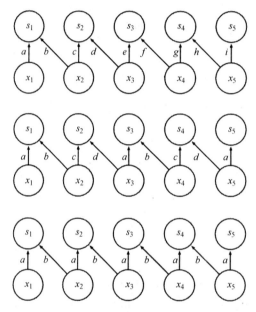

图 3-21　其他卷积的运算示意图

一般来说，在卷积层从输入到输出的变换中，不仅会用到线性运算，也会在进行非线性运算前，对每个输出加入一些偏置项，这样就产生了如何在偏置项中共享参数的问题。对于局部连接层，很自然地对每个单元都给定其特有的偏置；对于平铺卷积，也很自然地用与核一样的平铺模式来共享参数；对于卷积层来说，通常的做法是在输出的每一个通道上都设置一个偏置，这个偏置在每个卷积映射的所有位置上共享。然而，如果输入是已知的固定大小，也可以在输出映射的每个位置学习一个单独的偏置。分离这些偏置可能会稍稍降低模型的统计效率，但同时也允许模型校正图片中不同位置的统计差异。

3.2.4　卷积神经网络的输出类型

卷积神经网络的输出不仅可以是预测分类任务的类标签或回归任务的实数值，也可以是输出高维的结构化对象。通常这样的对象只是一个张量，由标准卷积层产生。例如，模型可以产生张量 S，其中 S_{ijk} 是网络的输入像素 (j,k) 属于类 i 的概率。这就允许模型标记图片中的每个像素，并绘制沿着单个对象轮廓的精确掩模。

但全卷积会出现一个问题：输出平面可能比输入平面要小。对于图片中单个对象分类的常用结构，网络空间维数的最大减少来源于使用大步幅的池化层。为了产生和输入大小相似的输出映射，一种方法是通过避免将池化放在一起来实现，另一种方法是产生一种低分辨率的标签网络，原则上也可以使用具有单位步幅的池化操作。

对图片像素逐个标记的一种策略就是先产生图片标签的原始猜测，然后使用相邻像素之间的交互来修正原始猜测，重复这个修正步骤数。对应于在每一层使用相同卷积，全卷积在深层网络的最后几层之间共享权重，这使得在层之间共享参数的连续的卷积层所执行的一系列运算，形成了一种特殊的循环神经网络。

一旦对每个像素都进行了预测，就可以使用各种方法进一步处理这些预测，以获得图片在区域上的分割。

3.2.5 高效的卷积算法

现代卷积网络的应用通常需要包含超过百万个单元的网络，可以利用并行计算资源来实现，但是在很多情况下，也可以通过选择适当的卷积算法来加速卷积。

频域法

卷积等效于使用傅里叶变换后将输入与核都转换到频域、执行两个信号的逐点相乘，再使用傅里叶逆变换转换回时域。对于某些问题的规模，这种算法可能比离散卷积的朴素实现更快。

可分离卷积法

当一个 d 维的核可以表示成 d 个向量的外积时，该核被称为可分离的核。当核可分离时，朴素的卷积较为低效。它等价于组合 d 个一维卷积，每个卷积使用这些向量中的一个。组合方法显著快于使用它们的外积来执行卷积操作，并且核也只要用更少的参数来表示成向量。如果核在每一维都是 ω 个元素宽，那么朴素的多维卷积需要 $O(\omega^d)$ 的运行时间和参数储存空间，而可分离卷积只需要 $O(\omega \times d)$ 的运行时间和参数存储空间。但是并不是每个卷积都可以表示成这样的形式。

矩阵乘法

可以将矩阵卷积的运算转换成矩阵乘法，这样只改变了运算的方式，并没有降低运算量，但是这样的转化使整个运算非常适用于 GPU 编程。直接使用离散卷积公式进行 GPU 加速的效果不好，当卷积核较大的时候，GPU 的加速效果并没有想象中那么好。

如何设计效率更高的执行卷积或近似卷积而不损害模型准确性，是一个活跃的研究领域，仅提高前向传播效率的技术也是有用的，因为在商业环境中，部署网络通常比训练网络更加消耗资源。

3.2.6 卷积神经网络的神经科学基础

卷积神经网络的出现源于对神经感受野的研究，卷积神经网络的一些关键设计原则来自神经科学，卷积神经网络是受生物神经学启发的最为成功的案例之一。

深度学习技术应用

动物视觉系统工作机理

神经生理学家 David Hubel 和 Torsten Wiesel 进行了一个实验。他们在猫的后脑开了一个直径为 3mm 的小洞,插入电极,从而实现了对神经元激活程度的检测。在实验过程中,他们将形状、亮度不同的物体投影在猫面前。他们还会改变每一个物体放置的位置和角度,检测当猫的瞳孔感受到不同类型、强度的刺激时的神经元激活程度。他们发现:处于视觉系统较为前面的神经元对特定的光模式反应最为强烈,这些神经元细胞会在瞳孔瞥见眼前物体的边缘,并在这个边缘指向某个方向时呈现出活跃的状态。这些神经元后来被称为"方向选择性细胞"。

在此基础上,对神经系统进一步思考,猜测神经中枢和视觉系统的工作过程,或许是一个不断迭代、抽象的过程,从一个原始信号逐步抽象,先抽象出低级特征,再逐步抽象出高级特征。

视觉系统结构

1)视网膜

视网膜的神经元细胞可分为五大类:感光细胞、双极细胞、神经节细胞、水平细胞、无长突细胞。瞳孔在接收到物体反射的光线后,将光信息传递到视网膜,而视网膜的感光细胞将光信息转化成电信号,并将这些电信号传递给双极细胞,同时水平细胞和无长突细胞对其进一步加工,再将视觉信息传递给不同的神经节细胞,神经节细胞对信息进行最终的加工整合,向后传递。

2)视觉皮层

视觉皮层主要包含 5 个区域:V1、V2、V3、V4、V5。V1 区域是大脑对视觉输入的第一个执行高级处理区域,可以得到边缘和方向特征信息。该区域存在着两种细胞,一种为简单细胞,这种细胞的感受野较小,可以感受到来自感受野范围内的边缘刺激,检测出明暗对比的直边;另一种为复杂细胞,这类细胞具有更大的感受野,对确切位置的特征刺激具有局部的微小偏移不变性,但是对刺激的精确位置不敏感。V1 区域还可以进行空间映射,通过二维结构来反映视网膜中的图片结构。若挡住视网膜神经节细胞的一半,只让另一半接受光刺激,则 V1 区域只有相应一半会受到影响。

而 V2、V3、V4、V5 区域则在 V1 区域的基础上,对图片进一步处理,最终将信号通过神经传递到更高级的视区。

卷积神经网络

神经科学和机器学习之间最显著的对应关系,是从视觉上比较机器学习模型学到的特征与使用 V1 区域得到的特征。一个简单的无监督学习算法学到的特征具有与简单细胞类似的感受野。

在卷积神经网络中,使用感受野来表示网络内部的不同神经元对原始图片的感受范围的大小。神经元的感受野越大,表示其能接触到的原始图片的范围越大,也意味着它可能包含更为全局、语义层次更高的特征;相反,神经元的感受野越小,则表示其包含的特征越趋向局部和细节。因此,感受野的值是可以用来大致表示每一层的抽象层次的。

卷积神经网络在视觉皮层的 V1 区域基础上进一步进行设计,具有以下 3 个特性。

(1)V1 区域可以进行空间映射,通过二维结构来反映视网膜中的图片结构。而卷积神经网络则根据这一点,使用二维映射定义特征的方法去描述该特征。

（2）V1 区域包含很多简单细胞。在某种程度上，这些简单细胞的活动可以概括为在小的空间位置中感受野内的图片的线性函数。而卷积神经网络的检测器单元就被设计成模拟这些简单细胞性质的样子。

（3）因为 V1 区域包含很多复杂细胞，所以卷积神经网络中加入了池化单元，可跨通道开展池化策略。

尽管如此，人类的视觉系统和卷积神经网络依然存在不同，人类的视觉系统中集成了许多其他感觉，如人类的心情、想法。而卷积神经网络迄今为止还停留在纯粹的视觉阶段。

神经科学很少告知人们如何训练神经网络。虽然可以使用卷积神经网络描述简单细胞对于某些特征呈现出的粗略线性和选择性，也可以使用对于卷积神经网络那些复杂细胞展现出的非线性，以及一些简单细胞展现出的变换不变性进行描述，但是，每个细胞检测到了什么，单个细胞的功能是什么，这在深度非线性网络中仍然很难理解和描述。

3.2.7 卷积神经网络的实现

卷积神经网络主要由输入层、卷积层、激活函数、池化层、全连接层、损失函数组成，表面看比较复杂，实质就是特征提取及决策推断。要使特征提取尽量准确，就需要将这些网络层结构进行组合。下面介绍几种经典的卷积神经网络的实现。

AlexNet

AlexNet 使用了 8 层卷积神经网络，并以很大的优势赢得了 2012 年的 ImageNet 图片识别挑战赛。它首次证明了学习到的特征可以超越手工设计的特征，从而一举打破计算机视觉研究的现状。AlexNet 的网络结构如图 3-22 所示。

Layer (type)	Output Shape	Param #
conv2d_6 (Conv2D)	(None, 96, 54, 54)	11712
max_pooling2d_4 (MaxPooling2	(None, 96, 26, 26)	0
conv2d_7 (Conv2D)	(None, 256, 26, 26)	614656
max_pooling2d_5 (MaxPooling2	(None, 256, 12, 12)	0
conv2d_8 (Conv2D)	(None, 384, 12, 12)	885120
conv2d_9 (Conv2D)	(None, 384, 12, 12)	1327488
conv2d_10 (Conv2D)	(None, 256, 12, 12)	884992
max_pooling2d_6 (MaxPooling2	(None, 256, 5, 5)	0
flatten_2 (Flatten)	(None, 6400)	0
dense_4 (Dense)	(None, 4096)	26218496
dropout_3 (Dropout)	(None, 4096)	0
dense_5 (Dense)	(None, 4096)	16781312
dropout_4 (Dropout)	(None, 4096)	0
dense_6 (Dense)	(None, 1000)	4097000

图 3-22 AlexNet 的网络结构

AlexNet 具有以下特点。

（1）AlexNet 第 1 层中的卷积窗口形状是 11×11。第 2 层中的卷积窗口形状减小到 5×5，之后的网络采用窗口形状为 3×3 的卷积核。此外，第 1、第 2 和第 5 个卷积层之后都使用了步幅为 2、窗口形状为 3×3 的最大池化层。紧挨着最后一个卷积层的是 2 个输出个数为 4096 的全连接层。

（2）AlexNet 将 sigmoid 激活函数改成了更加简单的 ReLU 激活函数。一方面，ReLU 激活函数的计算更简单；另一方面，ReLU 激活函数在不同的参数初始化方法下可以使模型更容易训练。

（3）AlexNet 通过丢弃法来控制全连接层的模型复杂度。AlexNet 引入了大量的图片增广，从而进一步扩大数据集来缓解过拟合情况。

VGG

VGG 块的组成规律：连续使用数个相同的填充为 1、窗口形状为 3×3 的卷积层后接上一个步幅为 2、窗口形状为 2×2 的最大池化层。卷积层保持输入的高和宽不变，而池化层则对其减半。VGG 的网络结构如图 3-23 所示。

Layer (type)	Output Shape	Param #
conv2d_12 (Conv2D)	(None, 64, 224, 224)	640
max_pooling2d_12 (MaxPooling	(None, 64, 112, 112)	0
conv2d_13 (Conv2D)	(None, 128, 112, 112)	73856
max_pooling2d_13 (MaxPooling	(None, 128, 56, 56)	0
conv2d_14 (Conv2D)	(None, 256, 56, 56)	295168
max_pooling2d_14 (MaxPooling	(None, 256, 28, 28)	0
conv2d_15 (Conv2D)	(None, 512, 28, 28)	1180160
max_pooling2d_15 (MaxPooling	(None, 512, 14, 14)	0
conv2d_16 (Conv2D)	(None, 512, 14, 14)	2359808
max_pooling2d_16 (MaxPooling	(None, 512, 7, 7)	0
flatten_2 (Flatten)	(None, 25088)	0
dense_4 (Dense)	(None, 4096)	102764544
dropout_3 (Dropout)	(None, 4096)	0
dense_5 (Dense)	(None, 4096)	16781312
dropout_4 (Dropout)	(None, 4096)	0
dense_6 (Dense)	(None, 10)	40970

图 3-23　VGG 的网络结构

与 AlexNet 一样，VGG 由卷积层模块后接全连接层模块构成。卷积层模块串联数个 vgg_block，其超参数由变量 conv_arch 定义。该变量指定了每个 VGG 块里卷积层的个数和输出通道数。全连接层模块则跟 AlexNet 中的一样。现在构造一个 VGG 网络，它有 5

个卷积块，前 2 块使用单卷积层，后 3 块使用双卷积层。第 1 块的输出通道是 64，之后每次对输出通道数翻倍，直到变为 512。因为这个网络使用了 8 个卷积层和 3 个全连接层，所以经常被称为 VGG-11。

ResNet

在添加过多的层后，训练误差往往不降反升。虽然批量归一化带来的数值稳定性可以使训练深层模型更加容易，但是该问题仍然存在。针对这一问题，何恺明等人提出了残差网络（ResNet），它在 2015 年的 ImageNet 图片识别挑战赛夺魁，并深刻影响了后来深度学习神经网络的设计。残差块的结构如图 3-24 所示。

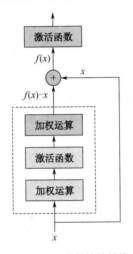

图 3-24　残差块的结构

ResNet 沿用了 VGG 中 3×3 卷积层的设计。残差块里有 2 个有相同输出通道数的 3×3 卷积层。每个卷积层后接 1 个批量归一化层和 ReLU 激活函数。ResNet 将输入跳过这 2 个卷积运算后直接加在最后的 ReLU 激活函数前，这样的设计要求 2 个卷积层的输出与输入形状一样，从而可以相加。如果想改变通道数，就需要引入 1 个额外的 1×1 卷积层来将输入变换成需要的形状后再进行相加运算。

3.2.8　卷积神经网络的应用

卷积神经网络本质上是一种输入到输出的映射，它能够学习大量输入与输出之间的映射关系，而不需要任何输入与输出之间的精确的数学表达式，只要用已知的模式对卷积神经网络加以训练，它就具有输入到输出的映射能力。

图片处理

由于图片具有很明显的局部相关性，因此使用卷积神经网络能够很好地对图片进行处理。常见的图片处理应用有目标检测与定位、人脸识别、图片风格转换等。

1）目标检测与定位

在图片处理中，目标检测就是在对输入的图片样本进行准确分类的基础上，检测其中包含的某些目标，对它们进行准确定位并标识。图片分类问题一般采用 Softmax 回归来解决，最后输出的结果是一个多维列向量，且向量的维数与假定的分类类别数一致。而目标检测任务则在此基础上增加了目标的二维坐标，即新增了 4 个标量，由此来实现对目标的检测与定位。

2）人脸识别

人脸识别问题需要验证输入的人脸图片是否与多个已有信息中的某一个匹配，是一个"一对多"的问题。在真实的应用场景中，人脸识别系统只采集某个人的面部样本，就能对这个人进行快速准确的识别，也就是只用一个训练样本训练而获得准确的预测结果，这是人脸识别问题所面临的挑战。

3）图片风格转换

图片风格转换是将参考图片的风格转换到另一个输入图片中，如图 3-25 所示。

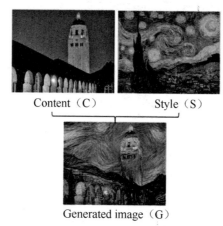

图 3-25　图片风格转换

其他应用

卷积神经网络模型在自然语言处理领域有着一定的实际应用。最适合卷积神经网络的莫过于分类任务，如语义分析、垃圾邮件检测和话题分类。Kim Y 等人基于语义分析和话题分类任务在不同的分类数据集上评估了卷积神经网络模型。卷积神经网络模型在各个数据集上的表现非常出色，甚至有个别卷积神经网络模型刷新了目前最好的结果。令人惊讶的是，他们采用的网络结构非常简单，但效果很好。输入层是一个表示句子的矩阵，每一行是 word2vec 词向量，接着是由若干个滤波器组成的卷积层，然后是最大池化层，最后是 softmax 分类器。

也有一些团队研究如何将卷积神经网络模型直接用于字符。通过学习的字符层面的向量表征，将它们与预训练的词向量结合，用来给语音打标签，这样就能实现直接用卷积神经网络模型直接从字符学习，而不必预训练词向量。这些团队使用了一个相对较深的网络结构，共有 9 层，用来完成语义分析和文本分类任务。结果显示，用字符级输入直接在大规模数据集（百万级）上学习的效果非常好，但用简单模型在小规模数据集（十万级）上的学习效果一般。

任务 3　搭建基于卷积神经网络的动物识别模型

 任务描述

本任务主要通过搭建深度学习平台构建卷积神经网络，引用卷积神经网络中的 VGG 经典网络对动物图片数据集进行模型构建与预测，实现最终的识别。

 **任务分析**

1）技术分析

能够掌握深度学习模型的训练流程和训练方法，最终得到模型文件。

能够使用深度学习框架搭建多种经典卷积神经网络模型结构。

2）需要具备的职业素养

培养学生使用辩证唯物主义分析问题、解决问题的能力。

培养学生举一反三、进行知识迁移的能力。

任务实施

3.3.1　卷积神经网络全流程概述

本任务以一个实际的案例为切入点，详细介绍卷积神经网络中卷积层、池化层、全连接层的工作原理与推理过程。

假设初始图片为一个笑脸，由 10×10 个像素块构成，如图 3-26 所示。

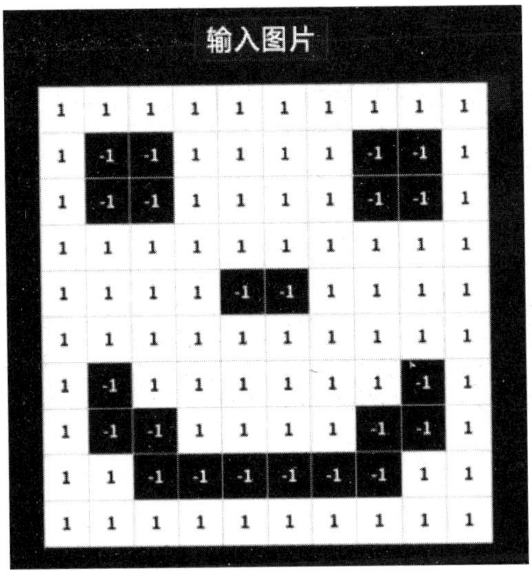

图 3-26　初始图片

　　某个卷积核如图 3-27 所示，在工作中，为了保证预测的准确率，往往需要设置不同卷积核对图片进行多次卷积操作，这里演示一次卷积操作。

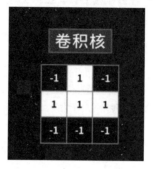

图 3-27　某个卷积核

　　卷积操作就是利用卷积核中的每一个数字（权重）去乘输入图片中 3×3 区域内对应的值，然后求和得到一个新的结果，如图 3-28、图 3-29 所示。

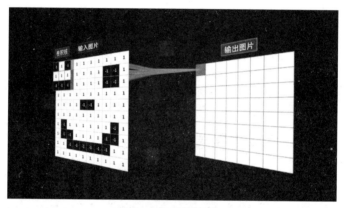

图 3-28　卷积操作 1

图 3-29　卷积操作 2

　　卷积后的图片相对于初始图片减少了数据的样本数量，对数据进行了特征提取。卷积后的输出图片如图 3-30 所示，可以看到图片的像素大小变成了 8×8，相对于初始图片的 100 个像素块，已经减少到了 64 个像素块，并且已经充分提取了原图片的特征。

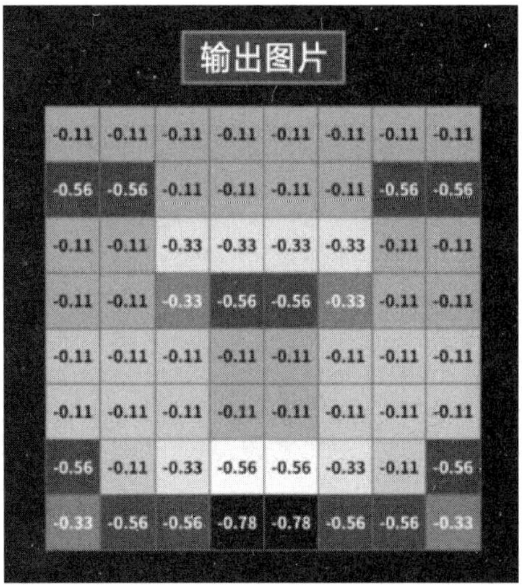

图 3-30 卷积后的输出图片

接下来对卷积后的输出图片进行池化操作，这里演示最大池化操作，池化前的输入图片和池化后的输出图片如图 3-31、图 3-32 所示。

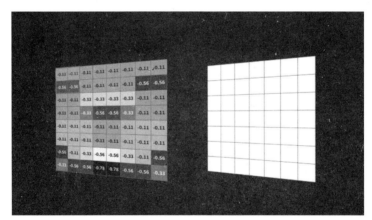

图 3-31 池化前的输入图片

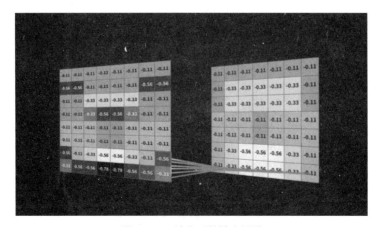

图 3-32 池化后的输出图片

池化后的输出图片的大小变成了 7×7，即只剩下 49 个像素块，如图 3-33 所示。因为图片还是太大，所以继续进行第二次卷积和池化操作。

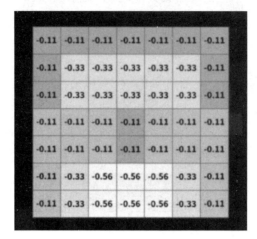

图 3-33　49 个像素块

第二次卷积和池化操作结束后，图片的大小变成了 4×4，即只包含 16 个像素块，如图 3-34 所示。

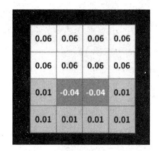

图 3-34　第二次卷积和池化后的输出图片

这时可以对现有的二维图片进行降维操作，将所有像素块按照一维方式进行排列，最终组成一个 1×16 的向量，这就是全连接层的工作原理，如图 3-35 所示。

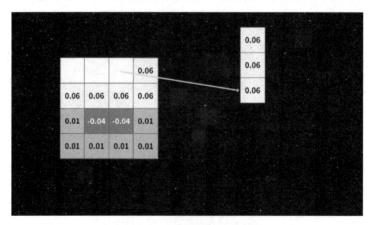

图 3-35　全连接层的工作原理

将全连接层的每一个点和初始图片进行算法计算，得到最终预测期望值，期望值越大则匹配程度越高，最终得出结论：图形为笑脸。预测结果如图 3-36 所示。

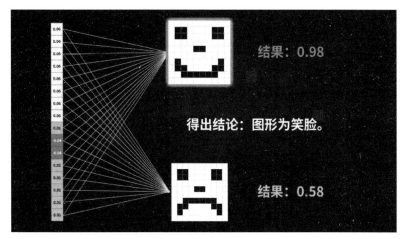

图 3-36 预测结果

3.3.2 卷积神经网络的搭建

接下来通过代码的形式来演示一下卷积神经网络搭建的全流程。先下载好所需的第三方库，然后通过代码导入模块，搭建开发初始环境。

```
import matplotlib.pyplot as plt
from tqdm import tqdm
import keras.backend as K
import tensorflow as tf
import numpy as np
import warnings
import pathlib
import cv2

# 支持中文
plt.rcParams['font.sans-serif'] = ['SimHei']  # 用来正常显示中文标签
plt.rcParams['axes.unicode_minus'] = False  # 用来正常显示负号

# 设置随机种子，尽可能使结果可以重现
np.random.seed(1)

# 设置随机种子，尽可能使结果可以重现
tf.random.set_seed(1)

# 隐藏警告
warnings.filterwarnings('ignore')
```

将爬取的猫狗图片按照文件夹分类，在当前项目中新建一个 train 文件夹，将所有猫狗图片都存储在该目录中，注意分两个文件夹存储，如图 3-37 所示。

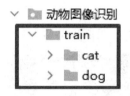

图 3-37　图片数据集

通过代码设置数据集加载路径，通过输出语法可以查看数据集的数量。

```
# 查看数据集!
data_dir = "./train"
data_dir = pathlib.Path(data_dir)
image_count = len(list(data_dir.glob('*/*')))
print("图片总数为", image_count)
```

输出结果如图 3-38 所示，图片共 2000 张，猫狗图片各有 1000 张，实际上，为了能够提高预测的准确率，初始图片的数量可以设置更多，如猫狗图片各有 10000 张，但是一般 PC 很难训练如此庞大的数据量。

```
图片总数为   2000
Found 2000 files belonging to 2 classes.
Using 1600 files for training.
```

图 3-38　输出结果

通过 keras 框架提供的 image_dataset_from_directory 函数加载指定目录下的图片数据集，对数据集进行划分，这里划分为训练集和验证集两种。

```
# 设置训练集
train_ds = tf.keras.preprocessing.image_dataset_from_directory(
    data_dir,
    validation_split=0.2,
    subset="training",
    seed=12,
    image_size=(img_height, img_width),
    batch_size=batch_size)

# 设置验证集
val_ds = tf.keras.preprocessing.image_dataset_from_directory(
    data_dir,
    validation_split=0.2,
    subset="validation",
    seed=12,
    image_size=(img_height, img_width),
    batch_size=batch_size)

# 结果查看
class_names = train_ds.class_names
print(class_names)
```

划分结束后，通过输出语法查看训练集和测试集的划分情况，其结果如图 3-39 所示。

可以看出，训练集和测试集的比例为 4:1。

```
Found 2000 files belonging to 2 classes.
Using 1600 files for training.
Found 2000 files belonging to 2 classes.
Using 400 files for validation.
```

图 3-39　训练集和测试集的划分结果

可以通过 class_names 输出数据集的标签。标签按字母顺序对应目录名称。通过循环可以查看训练集的图片维度。

```
for image_batch, labels_batch in train_ds:
    print(image_batch.shape)
    print(labels_batch.shape)
    break
```

定义函数 preprocess_image 对图片进行归一化处理，归一化就是指将一定范围内的数值集合转换为 0～1。归一化的目的是控制输入向量的数值范围，使其不能过大或过小，以减少后续计算的复杂程度。

```
# 配置数据集：数据集处理
AUTOTUNE = tf.data.AUTOTUNE


# 定义函数用于归一化操作
def preprocess_image(image, label):
    return (image / 255.0, label)


# 归一化处理
train_ds = train_ds.map(preprocess_image,
num_parallel_calls=AUTOTUNE)
    val_ds = val_ds.map(preprocess_image, num_parallel_calls=AUTOTUNE)

    train_ds =
train_ds.cache().shuffle(1000).prefetch(buffer_size=AUTOTUNE)
    val_ds = val_ds.cache().prefetch(buffer_size=AUTOTUNE)
```

接下来准备构建卷积神经网络，对数据集数据进行特征提取，由于数据集数量比较大，因此这里共设置了 5 次卷积和池化。使用 VGG 卷积神经网络进行模型训练。当 5 次卷积、池化操作完毕后，设置 2 层全连接层将二维向量转换为一维向量，降低数据维度，然后保存模型，将模型数据返回。

```
def VGG16(nb_classes, input_shape):
    input_tensor = Input(shape=input_shape)
    # 第1次卷积、池化
    x = Conv2D(64, (3, 3), activation='relu', padding='same',
name='block1_conv1')(input_tensor)
    x = Conv2D(64, (3, 3), activation='relu', padding='same',
name='block1_conv2')(x)
    x = MaxPooling2D((2, 2), strides=(2, 2), name='block1_pool')(x)
```

```
        # 第2次卷积、池化
        x = Conv2D(128, (3, 3), activation='relu', padding='same',
name='block2_conv1')(x)
        x = Conv2D(128, (3, 3), activation='relu', padding='same',
name='block2_conv2')(x)
        x = MaxPooling2D((2, 2), strides=(2, 2), name='block2_pool')(x)
        # 第3次卷积、池化
        x = Conv2D(256, (3, 3), activation='relu', padding='same',
name='block3_conv1')(x)
        x = Conv2D(256, (3, 3), activation='relu', padding='same',
name='block3_conv2')(x)
        x = Conv2D(256, (3, 3), activation='relu', padding='same',
name='block3_conv3')(x)
        x = MaxPooling2D((2, 2), strides=(2, 2), name='block3_pool')(x)
        # 第4次卷积、池化
        x = Conv2D(512, (3, 3), activation='relu', padding='same',
name='block4_conv1')(x)
        x = Conv2D(512, (3, 3), activation='relu', padding='same',
name='block4_conv2')(x)
        x = Conv2D(512, (3, 3), activation='relu', padding='same',
name='block4_conv3')(x)
        x = MaxPooling2D((2, 2), strides=(2, 2), name='block4_pool')(x)
        # 第5次卷积、池化
        x = Conv2D(512, (3, 3), activation='relu', padding='same',
name='block5_conv1')(x)
        x = Conv2D(512, (3, 3), activation='relu', padding='same',
name='block5_conv2')(x)
        x = Conv2D(512, (3, 3), activation='relu', padding='same',
name='block5_conv3')(x)
        x = MaxPooling2D((2, 2), strides=(2, 2), name='block5_pool')(x)
        # 构建全连接层
        x = Flatten()(x)
        x = Dense(4096, activation='relu', name='fc1')(x)
        x = Dense(4096, activation='relu', name='fc2')(x)
        output_tensor = Dense(nb_classes, activation='softmax',
name='predictions')(x)
        # 构建模型
        model = Model(input_tensor, output_tensor)
        return model
```

在构建卷积神经网络的过程中，卷积神经网络的输出结果如图 3-40 所示，可以看出，原始图片的大小为 224×224，随着卷积、池化，图片的大小从 224×224 降低到 112×112，再降低到 56×56，初始参数也从一开始的 1792 上升到 590080，这个过程就是提取图片特征的过程。

```
--------------------------------------------------------------------
Layer (type)                 Output Shape              Param #
====================================================================
input_1 (InputLayer)         [(None, 224, 224, 3)]     0

block1_conv1 (Conv2D)        (None, 224, 224, 64)      1792

block1_conv2 (Conv2D)        (None, 224, 224, 64)      36928

block1_pool (MaxPooling2D)   (None, 112, 112, 64)      0

block2_conv1 (Conv2D)        (None, 112, 112, 128)     73856

block2_conv2 (Conv2D)        (None, 112, 112, 128)     147584

block2_pool (MaxPooling2D)   (None, 56, 56, 128)       0

block3_conv1 (Conv2D)        (None, 56, 56, 256)       295168

block3_conv2 (Conv2D)        (None, 56, 56, 256)       590080
```

图 3-40　卷积神经网络的输出结果

　　通过 compile 方法对模型进行编译后，设置优化器与损失函数，接下来准备对模型进行评估，进一步提高预测的成功率。

```
model = VGG16(10, (img_width, img_height, 3))
model.summary()

# 编译模型
model.compile(optimizer="adam",
            loss='sparse_categorical_crossentropy',
            metrics=['accuracy'])
```

　　将模型训练的过程分为 10 个阶段，反复对模型训练并在测试集上评估，为后续的模型制作和图片预测打下坚实的基础。

```
# 训练模型
epochs = 10
lr = 1e-5

# 记录训练数据，方便后面的分析
history_train_loss = []
history_train_accuracy = []
history_val_loss = []
history_val_accuracy = []

for epoch in range(epochs):
    train_total = len(train_ds)
    val_total = len(val_ds)

    """
    total: 预期的迭代数目
    ncols: 控制进度条宽度
```

```
            mininterval: 进度更新最小间隔，以秒为单位（默认值：0.1）
            """
            with tqdm(total=train_total, desc=f'Epoch {epoch + 1}/{epochs}',
mininterval=1, ncols=100) as pbar:

                lr = lr * 0.92
                K.set_value(model.optimizer.lr, lr)
                for image, label in train_ds:
                    """
                    训练模型，简单理解train_on_batch就是比model.fit()更高级的用法
                    """
                    history = model.train_on_batch(image, label)
                    train_loss = history[0]
                    train_accuracy = history[1]
                    pbar.set_postfix({"loss": "%.4f" % train_loss,
                                "accuracy": "%.4f" % train_accuracy,
                                "lr": K.get_value(model.optimizer.lr)})
                    pbar.update(1)
                history_train_loss.append(train_loss)
                history_train_accuracy.append(train_accuracy)

            print('开始验证！')
            with tqdm(total=val_total, desc=f'Epoch {epoch + 1}/{epochs}',
mininterval=0.3, ncols=100) as pbar:

                for image, label in val_ds:
                    history = model.test_on_batch(image, label)
                    val_loss = history[0]
                    val_accuracy = history[1]
                    pbar.set_postfix({"loss": "%.4f" % val_loss,
                                "accuracy": "%.4f" % val_accuracy})
                    pbar.update(1)
                history_val_loss.append(val_loss)
                history_val_accuracy.append(val_accuracy)

            print('结束验证！')
            print("验证loss: %.4f" % val_loss)
            print("验证准确率: %.4f" % val_accuracy)
```

关于卷积神经网络的搭建讲解完毕，下一节将重点介绍动物识别模型的训练、优化、保存。

任务4　动物识别模型的训练、优化、保存

任务描述

在面对大量用户输入的数据/素材时，从杂乱无章的内容中准确地识别和输出我们期

待输出的图片/语音，并不是那么容易的。此时，算法就显得尤为重要，算法就是我们所说的模型。

本任务主要通过介绍模型从训练到评估，再到编译和保存的过程，来展示动物识别模型制作的全流程。

任务分析

1）技术分析

能够对深度学习模型进行模型测试、评估与参数调整，计算模型在测试集上的准确率与损失，调整模型参数。

2）需要具备的职业素养

培养学生建立积累意识。

任务实施

3.4.1　动物识别模型的训练——线性回归

在机器学习模型（特别是深度学习模型）的训练过程中，模型是非常容易过拟合的。在不断训练的过程中，深度学习模型的训练误差会逐渐减小，但测试误差的改变走势则不一定。

在训练过程中，模型只能利用训练数据来进行训练，并不能接触到测试集上的样本，需要构建验证数据集对模型进行验证。模型的训练过程经常会出现以下问题。

拟合（Fitting）：指该曲线能很好地描述某些样本，并且有比较好的泛化能力。

过拟合（Overfitting）：模型把数据学习得太彻底，以至于把噪声数据的特征也学习了，这样就会导致在后期测试的时候不能够很好地识别数据，即不能进行正确的分类，模型泛化能力太差。

欠拟合（Underfitting）：模型没有很好地捕捉到数据特征，不能够很好地拟合数据，或模型过于简单而无法拟合或区分样本。

由于本项目初始数据的维度和规则相对复杂，模型训练的过程也非常烦琐，因此这里以模型训练中最简单的线性回归问题来解释模型训练的流程。

线性回归主要用来对已有的数据进行预测及分析。假设现有一组数据记录了父辈与子女的身高，如果把这些数据放在坐标系中，可以得到一张关系图，如图 3-41 所示。不难看出，这些数据的规律趋近于一条直线。

我们希望通过在已有的数据中寻找规律，从而对未知的数据进行推测，所以希望找到一条直线来准确地描述出这些坐标点之间的关系。这时只要代入数据，将这个数据反映到直线上，得到的就是最终预测的结果，而这个过程称为线性回归分析，这类问题称为回归问题，如图 3-42 所示。

线性回归的本质就是利用线性回归方程的最小平方函数对一个或多个自变量和因变量之间的关系进行建模的一种回归分析。通俗来讲，线性回归就是寻找一条能够准确描述坐标点之间关系的线段，如图 3-43 所示。

	父辈平均身高/m	子女身高/m
1	1.859	1.834
2	1.630	1.671
3	1.676	1.734
4	1.652	1.707
5	1.617	1.678
6	1.738	1.768
7	1.738	1.779
8	1.668	1.725
9	1.754	1.744
10	1.705	1.733
11	1.728	1.790
12	1.733	1.789
...	1.859	1.834
100	1.729	1.727

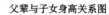
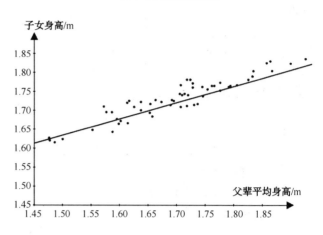

图 3-41 父辈与子女身高关系图

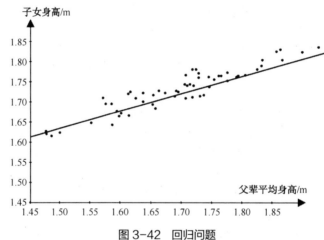
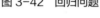

图 3-42 回归问题

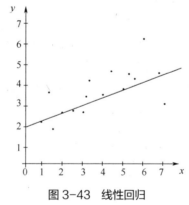

图 3-43 线性回归

当然线性回归也不一定只是直线的分析,有时候数据的趋势可能需要绘制曲线来进行分析,曲线回归如图 3-44 所示。但是直线也好,曲线也罢,如何找到这条能够描述数据之间关系的线才是线性回归真正面临的问题,而这个问题就需要靠梯度下降算法来解决。

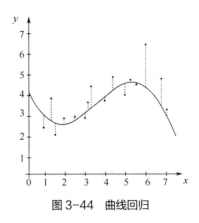

图 3-44　曲线回归

3.4.2　梯度下降算法

梯度下降算法(Gradient Descent)是一种一阶最优化算法,通常也称为最陡下降法。要使用梯度下降算法找到一个函数的局部极小值,必须向函数上当前点对应梯度(或近似梯度)反方向的规定步长距离点进行迭代搜索。如果相反地,向梯度正方向进行迭代搜索,就会接近函数的局部极大值点,这个过程被称为梯度上升算法。

通过一个具体的案例解释一下梯度下降算法的工作原理:假设通过一个坐标系来描绘房子的价格和面积之间关系,借助这个坐标系中的数据,希望能够对指定面积的房价进行预测,面积-房价关系图如图 3-45 所示。

图 3-45　面积-房价关系图

这时需要一个参数为 w 的直线来描述这组数据的大致走向,根据 w 的不同,直线的斜率也不一样,通过算法得到最能准确描述这组数据走向的 w。假设一个 w,计算坐标系中每一个点到这条线之间的偏差之和,并计算平均值,如图 3-46 所示。

将 w 和误差 e 的关系做成一张图,发现这是一个开口朝上的曲线图,如图 3-47 所示。

而我们需要做的就是不停改变 w,直到 e 最小为止。随着 w 的增大,e 在逐渐变小,当达到最小偏差后,继续增大 w,就会导致 e 重新变大。斜率-误差走势图如图 3-48 所示。

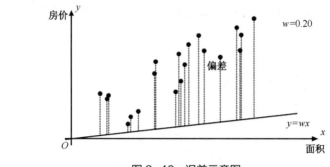

图 3-46　误差示意图

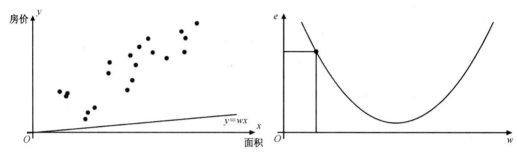

图 3-47　斜率-误差关系图

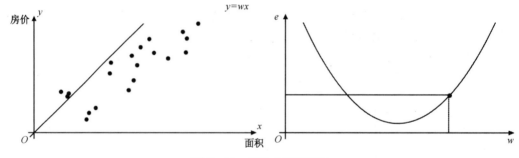

图 3-48　斜率-误差走势图

这时需要快速地找到最合适的 w，使得误差最小，这就是梯度下降算法研究的内容。

根据梯度下降的方式不同，常用的梯度下降算法有批量梯度下降算法、随机梯度下降算法、小批量梯度下降算法。

批量梯度下降算法是梯度下降最原始的方式，通过一点点改变 w，慢慢找到误差最小的情况，这种方式虽然保证了算法的精准度，但是会使训练搜索过程的效率非常低。批量梯度下降算法的原理如图 3-49、图 3-50 所示。

随机梯度下降算法就是每次只随机抽一个样本进行计算，w 的变化是随机的，这种方式虽然提高了计算的速度，但是精准度会大大降低。随机梯度下降算法的原理如图 3-51、图 3-52 所示。

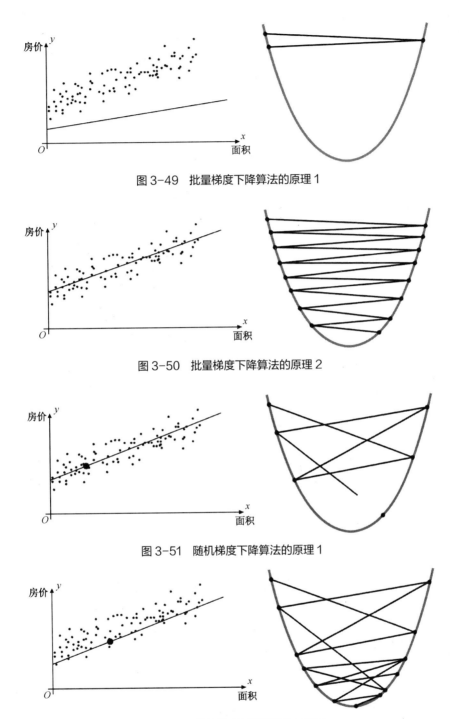

图 3-49　批量梯度下降算法的原理 1

图 3-50　批量梯度下降算法的原理 2

图 3-51　随机梯度下降算法的原理 1

图 3-52　随机梯度下降算法的原理 2

　　小批量梯度下降算法则结合了上面两种算法的优势，每次选用一小批样本进行计算，既保证了计算的速度，也保证了精准度。小批量梯度下降算法的原理如图 3-53、图 3-54 所示。

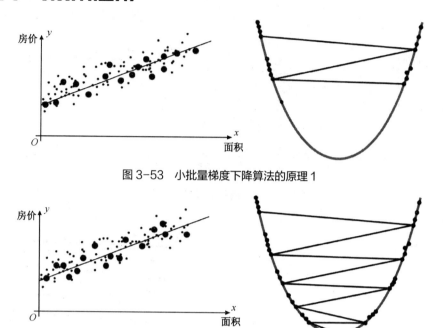

图 3-53　小批量梯度下降算法的原理 1

图 3-54　小批量梯度下降算法的原理 2

以上就是关于梯度下降算法的原理讲解，在正式开发中，还需要对现有的算法进行进一步优化。

3.4.3　动物识别模型的优化

若改变过实验中的模型结构或者超参数，则可能会出现一类问题：当模型在训练数据集上更准确时，它在测试数据集上却不一定更准确。这是因为训练过程中存在训练误差和泛化误差。

训练误差：指模型在训练数据集上表现出的误差。

泛化误差：指模型在任意一个测试数据样本上表现出的误差的期望，常常通过测试数据集上的误差来近似表示。

训练误差的期望小于或等于泛化误差，也就是说，一般情况下，由训练数据集学到的模型参数会使模型在训练数据集上的表现优于或等于其在测试数据集上的表现。由于无法从训练误差估计泛化误差，一味地降低训练误差并不意味着泛化误差一定会降低，因此机器学习模型应关注降低泛化误差。

由于验证数据集不参与模型训练，因此当训练数据不够用时，预留大量的验证数据显得太"奢侈"，可以用 k 折交叉验证来改善这种情况。在 k 折交叉验证中，把原始训练数据集分割成 k 个不重合的子数据集，然后做 k 次模型训练和验证。每一次使用一个子数据集验证模型，并使用其他 $k-1$ 个子数据集来训练模型。在这 k 次训练和验证中，每次用来验证模型的子数据集都不同。最后对这 k 次训练误差和验证误差分别求平均值。k 折交叉验证在划分数据集时已经做过介绍，这里不过多赘述。

模型训练过程中经常产生的另一类问题是拟合问题，较常见的是欠拟合和过拟合问题，两者的发生原因如下。

欠拟合：模型无法得到较低的训练误差。

过拟合：模型的训练误差远小于它在测试数据集上的误差。

解决欠拟合和过拟合问题的方法之一是针对数据集选择合适复杂度的模型，如图 3-55 所示。以最优分界线为例，虚线部分表示训练后得到的最优结果，若得到的不是最优结果，而是最优结果的左侧区域，则称为欠拟合，即训练过程产生的误差较大；若得到的不是最优结果，而是最优结果的右侧区域，则称为过拟合，即训练集和测试集的误差相差太大，模型不具有代表性。

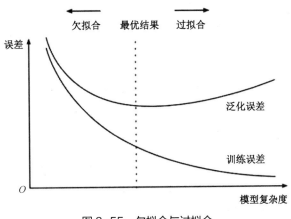

图 3-55　欠拟合与过拟合

那么应该如何防止过拟合和欠拟合呢？

常见的防止过拟合的方法如下。

（1）补充数据集，即增加初始数据的数量。

（2）减少模型参数的数量。

（3）使用 dropout 方式，dropout 是指在深度学习网络的训练过程中，按照一定的概率将神经网络单元暂时从网络中丢弃。

（4）使用正则化或稀疏化处理。

常见的防止欠拟合的方法如下。

（1）增加模型参数的数量和值。

（2）减少正则化参数。

（3）调整训练次数，使训练更加充分。

除了拟合问题，模型训练过程中还容易出现的问题是关于梯度的问题，如梯度消失或梯度爆炸。

在训练神经网络的过程中，导数或坡度有时会变得非常大或非常小，甚至可能以指数方式变小，这加大了训练的难度。

梯度消失和梯度爆炸在本质上是同一种情况。在深层网络中，由于网络过深，如果开始时得到的梯度过小，或者传播途中在某一层上过小，则在之后的层上得到的梯度会越来越小，即产生了梯度消失；梯度爆炸也是同样的。一般地，不合理的初始化及激活函数，如 sigmoid 等，都会导致梯度过小或过大，从而引起梯度消失或爆炸。

防止梯度消失或爆炸的常见方法如下。

（1）预训练加微调：基本思想是每训练一层隐节点，将上一层隐节点的输出作为输入，而本层隐节点的输出作为下一层隐节点的输入，此过程就是逐层预训练（pre-training）；在预训练完成后，对整个网络进行微调（fine-tunning）。

（2）梯度剪切、正则：梯度剪切的方法主要是针对梯度爆炸提出的，其基本思想是设置一个梯度剪切阈值，在更新梯度的时候，如果梯度超过这个阈值，那么就将其强制限制在这个阈值之内。

（3）引入 ReLU 等激活函数。

ReLU 函数：该函数的导数在正数部分是恒等于 1 的，在深层网络中，激活函数部分不存在梯度过小或过大的问题，可以防止梯度消失或爆炸，同时也方便计算。当然，ReLU 函数也存在一些缺点，如过滤掉了负数部分，会丢失部分信息；输出的数据分布不以 0 为中心，改变了数据分布。

leakrelu 函数：能消除 ReLU 函数的 0 区间带来的影响，其数学表达为 leakrelu=max $(k*x,0)$，其中 k 是 leak 系数，一般选择 0.01 或 0.02，也可通过学习而来。

最后对动物模型训练过程中常见的问题及优化方案进行总结。

解决训练样本少的问题

（1）利用预训练模型进行迁移微调，预训练模型通常在特征上拥有很好的语义表达。此时，只需要将模型在小数据集上进行微调就能取得不错的效果。

（2）对数据集进行下采样操作，使其符合数据正态分布。

（3）使用数据集增强、正则或半监督学习等方法来解决小样本数据集的训练问题。

提升模型的稳定性

（1）正则化（L2, L1, dropout）：模型方差大的原因很可能是过拟合。正则化能有效地降低模型的复杂度，增加对更多分布的适应性。

（2）提前停止训练：提前停止训练是指模型在验证集上取得不错的性能时停止训练。这种方法本质上和正则化是一样的，能在减少方差的同时增加偏差，目的是平衡训练集和未知数据之间在模型上的表现差异。

（3）扩充训练集：正则化通过控制模型复杂度来增加更多样本的适应性。

（4）特征选择：过高的特征维度会使模型过拟合，减少特征维度和正则一样可以解决方差问题，但是同时会增大偏差。

改善模型的常见思路

（1）数据角度：增强数据集。无论是有监督还是无监督学习，数据永远是最重要的驱动力。更多类型的数据能带来更好的稳定性。对模型来说，"看到过的总比没看到过的更具有判别的信心"。

（2）调参优化角度：超参数调整一般包含模型初始化的配置、优化算法的选取、学习率的策略及如何配置正则和损失函数等。

（3）训练角度：在大规模的数据集或模型上，一个好的优化算法总能加速收敛，要改善模型，充分训练永远是必要的过程。

本任务主要介绍了模型在训练过程中及训练完毕后可能出现的一系列问题和解决方法，保证在存储模型时，模型的算法是最优的，这样才能提高预测的准确率。

3.4.4　动物识别模型的存储

在训练过程中，模型是非常重要的，训练好的模型可以对数据进行分类预测，因此需要对训练好的模型进行存储，方便后续载入模型进行数据的分类预测。

在对训练好的模型进行存储时，一般会使用两种方式，一种是 Tensorflow 版的存储，还有一种是 Keras 版的存储。两种方式的存储代码虽然不同，但是核心思想是一致的。接下来演示一下这两种方式的模型存储代码案例。

Tensorflow 版，通过 tf.train.Saver() 函数获取模型存储对象，然后通过调用对象提供的 save 函数将训练好的模型存储到 ckpt 格式的文件中。

```python
import tensorflow as tf
import numpy as np

#关键1　默认max_to_keep=5
saver = tf.train.Saver(max_to_keep=3)
with tf.Session() as sess:
    sess.run(tf.global_variables_initializer())

    # 调用save函数将模型存储到指定路径
    save_path = saver.save(sess, r"F:/demo.ckpt")
    print("Save to path: ", save_path)
```

至于 Keras 版，直接通过 model.save 即可将模型存储到指定路径，这里使用的是 H5 格式的模型文件。

```python
import numpy as np
from keras.utils import np_utils
from keras.models import Sequential
from keras.layers import Dense
from keras.optimizers import SGD

# 定义优化器，loss function, 训练过程中的准确率
model.compile(
    optimizer = sgd,
    loss = 'mse',
    metrics = ['accuracy']
)

# 进行模型训练
model.fit(x_train, y_train, batch_size=32, epochs=10)

# 评估模型
loss, accuracy = model.evaluate(x_test, y_test)

print('\ntest loss:', loss)
print('accuracy:', accuracy)

# 模型存储
model.save('model.h5')
```

在存储模型时，根据使用的深度学习框架及数据结构的不同，往往需要使用不同的文件类型进行存储，常见的文件格式有 CKPT 格式、H5 格式、PB 格式、PKL 格式等。

本项目中主要使用 H5 格式的文件进行模型存储。接下来重点介绍一下常用模型的存储特点。

H5 模型

HDF 是一种用于存储和分发科学数据的自我描述和多对象文件格式，是一种存储相同类型数值的大数组的机制。HDF 由美国国家超级计算应用中心（NCSA）创建，可满足不同群体的科学家在不同工程项目领域中的需要。HDF 可以表示出科学数据存储和分布的许多必要条件。因为 HDF 文件以 H5 格式进行存储，所以 H5 模型又称为 HDF5 模型，一个 HDF5 文件就是一个由两种基本数据对象（group 和 dataset）存放多种科学数据的容器。

PB 模型

谷歌推荐的模型存储格式是 PB 格式。PB 模型的优点如下。

（1）PB 模型具有语言独立性，可独立运行封闭的序列化格式，任何语言都可以解析它，它允许其他语言和深度学习框架读取、继续训练和迁移 TensorFlow 的模型。

（2）PB 模型的主要使用场景是实现创建模型与使用模型的解耦，在推理过程中不用像 CKPT 格式那样重新定义网络。

（3）在存储 PB 模型时候，模型的变量都会变成固定的，这使模型大大减小，适合在移动端运行。

CKPT 模型

一般情况下，用 TensorFlow 存储模型时都使用 CKPT 格式，但是这种方式有以下 2 个缺点。

（1）CKPT 模型是依赖 TensorFlow 的，只能在 TensorFlow 框架下使用。

（2）在恢复 CKPT 模型之前还需要再定义一遍网络结构，然后才能把变量的值恢复到网络中。

这里接着上一节卷积神经网络的内容演示一下模型训练、评估、存储的全过程。

由于训练过程中难免会产生误差，因此模型训练不可能只进行一次，一般需要反复进行训练，通过反向传播算法反馈误差，改变超参数之后重新进行训练，直到找到最优模型为止。设置模型训练的周期次数为 10 次，参数设置为 1e-5，即 0.00001。

```
# 训练模型
epochs = 10
lr = 1e-5

# 记录训练数据，方便后面的分析
history_train_loss = []
history_train_accuracy = []
history_val_loss = []
history_val_accuracy = []

# 声明循环开始模型训练
```

```
for epoch in range(epochs):
    train_total = len(train_ds)
    val_total = len(val_ds)
```

加载训练集，每一次模型训练的过程都需要改变 lr 参数的结果。

```
    """
    total: 预期的迭代数目
    ncols: 控制进度条宽度
    mininterval: 进度更新最小间隔，以秒为单位（默认值：0.1）
    """
    with tqdm(total=train_total, desc=f'Epoch {epoch + 1}/{epochs}',
mininterval=1, ncols=100) as pbar:

        lr = lr * 0.92
        K.set_value(model.optimizer.lr, lr)

        for image, label in train_ds:
            """
            训练模型，简单理解train_on_batch就是比model.fit()更高级的用法
            """
            history = model.train_on_batch(image, label)

            train_loss = history[0]
            train_accuracy = history[1]

            pbar.set_postfix({"loss": "%.4f" % train_loss,
                              "accuracy": "%.4f" % train_accuracy,
                              "lr": K.get_value(model.optimizer.lr)})
            pbar.update(1)
        history_train_loss.append(train_loss)
        history_train_accuracy.append(train_accuracy)

    print('开始验证！')
```

训练集结束训练后，要将模型放在测试集上验证，并计算损失率和正确率，通过查看损失率和正确率的变化情况，可以直观地了解模型训练的好坏。

```
    with tqdm(total=val_total, desc=f'Epoch {epoch + 1}/{epochs}',
mininterval=0.3, ncols=100) as pbar:

        for image, label in val_ds:
            history = model.test_on_batch(image, label)

            val_loss = history[0]
            val_accuracy = history[1]

            pbar.set_postfix({"loss": "%.4f" % val_loss,
                              "accuracy": "%.4f" % val_accuracy})
            pbar.update(1)
        history_val_loss.append(val_loss)
```

```
history_val_accuracy.append(val_accuracy)

print('结束验证！')
print("验证loss为：%.4f" % val_loss)
print("验证准确率为：%.4f" % val_accuracy)
```

模型验证结果如图 3-56 所示。

图 3-56　模型验证结果

在模型训练的过程中，刚开始进行模型训练时，损失率和准确率波动比较剧烈，因为模型正在进行调优。一般到了后面的阶段，损失率会平稳下降，准确率会平稳上升，最终趋于稳定，如图 3-57 所示。

```
Epoch 10/10: 100%|        | 200/200 [09:48<00:00,  2.94s/it, loss=0.6069, accuracy=0.5000, lr=4.34e-5]
开始验证！
Epoch 10/10: 100%|        | 50/50 [00:45<00:00,  1.11it/s, loss=0.4443, accuracy=0.8750]
结束验证！
验证loss为：0.4443
验证准确率为：0.8750
1/1 [==============================] - 0s 374ms/step
1/1 [==============================] - 0s 136ms/step
1/1 [==============================] - 0s 128ms/step
1/1 [==============================] - 0s 128ms/step
1/1 [==============================] - 0s 122ms/step
1/1 [==============================] - 0s 120ms/step
1/1 [==============================] - 0s 124ms/step
1/1 [==============================] - 0s 116ms/step
```

图 3-57　模型验证结果趋于稳定

模型训练和验证结束后，通过 matplotlib 模块将训练和验证过程中的损失率和正确率通过折线图的方式进行展示，如图 3-58 所示。

通过图 3-58 简单分析一下，其中深色线段表示训练集的输出结果，左图表示模型在训练集上训练的准确率走势，右图表示模型在训练集上训练的损失率走势。而浅色线段表示模型在验证集上的输出结果，左图表示训练后的模型在验证集上的准确率，右图表示训练后的模型在验证集上的损失率。

实际上，由于初始数据集数量较少，只有猫狗图片共 2000 张，因此模型训练的结果并不理想，准确率和损失率波动较大，甚至准确率在最后训练时还出现突然降低的情况，但是整个模型训练和验证过程总体上还是符合标准的，若想提高准确率，减少误差，则可以下载更多的猫狗图片作为初始数据集。

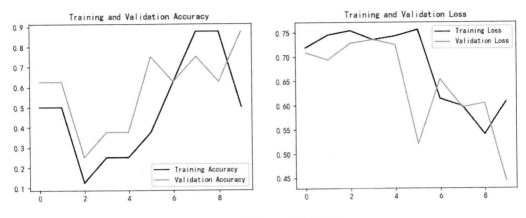

图 3-58　模型验证结果折线图

对模型评估完毕后，即可将训练好的模型存储到 model 目录下名为 dog_cat.h5 的文件中。

```python
# 模型的评估
epochs_range = range(epochs)

# 评估数据可视化展示
plt.figure(figsize=(12, 4))
plt.subplot(1, 2, 1)

plt.plot(epochs_range, history_train_accuracy, label='Training Accuracy')
plt.plot(epochs_range, history_val_accuracy, label='Validation Accuracy')
plt.legend(loc='lower right')
plt.title('Training and Validation Accuracy')

plt.subplot(1, 2, 2)
plt.plot(epochs_range, history_train_loss, label='Training Loss')
plt.plot(epochs_range, history_val_loss, label='Validation Loss')
plt.legend(loc='upper right')
plt.title('Training and Validation Loss')
plt.show()

# 模型的存储与加载
# 存储模型
model.save('model/dog_cat.h5')
```

深度学习技术应用

任务小结

思政小结

在搭建前馈神经网络的时候，我们重点讲解了隐藏层的作用，马克思辩证法里提到过，对立统一是存在主要矛盾和次要矛盾的。诸葛一生唯谨慎，吕端大事不糊涂。"诸葛"当然是指诸葛亮，其掌军理政之谨慎，史家已有共识。但过于谨慎是有代价的，那就是在面对新情况时，考虑因素过多，思前顾后，从而判断力（或预测力）大打折扣。而同样身居高位的吕端则不同。吕端是宋朝一名宰相，别看他平时糊里糊涂的，对很多事情不斤斤计较，但一旦涉及原则性、关键决策点，吕端从不马虎，其风格有点"大行不顾细谨"。

王羲之在《笔势论十二章·创临章第一》中针对临帖道："始书之时，不可尽其形势，一遍正手脚，二遍少得形势，三遍微微似本，四遍加其遒润，五遍兼加抽拔，如其生涩，不可便休，两行三行临之，为取滑健能，不计其遍数"。写字与写程序很相似，都要先模仿优秀的作品，通过一遍又一遍仿写，才能掌握。苏洵年轻时，读书不努力，常和朋友们赛马、游山玩水，糊里糊涂"混日子"。二十七岁的时候，苏洵才发现，"混日子"没意思，于是发奋学习，一年后，自以为学习效果差不多了，就去考进士，结果没有考中。他这才认识到，学习并不容易。从此，他谢绝宾客，闭门攻读，夜以继日，手不释卷。苏洵如此发奋攻读了五六年，终于文才大进，下笔如有神，顷刻数千言。好的模型也是如此，需要反复训练，唯有静下心，刻苦磨炼，才能厚积薄发。

总结

本章重点介绍了神经网络的基本结构及常见的神经网络种类，如前馈神经网络、卷积神经网络，并详细讲解了这两种神经网络进行动物识别的流程，最终通过代码展示将模型进行存储和加载的过程。

项目 4
模型调用服务端的开发

 项目情境

Django 发布于 2005 年，是当前 Python 领域里非常有名且成熟的网络框架。Django 是一个用 Python 编写的开放源代码的 Web 应用框架（源代码是开源的，遵守 BSD 版权），最初用来制作在线新闻的 Web 站点。它采用 MVC 的框架模式，也有很多人把它称为 MT（MTV）模式。

Django 是目前流行的软件开发类 Web 框架之一。由于能够支持前端开发，Django 通常被作为后端，与 React 等前端框架协同使用。其主要竞争对手是 Express 等后端框架。与其他框架类似，Django 能够通过提供包、模块和库来简化 Web 的开发，其免费开源的框架具有快速、安全和可扩展等特点。

项目分解

本任务主要内容为通过 Django 框架搭建 Python 的 Web 开发平台，设计前、后端交互模式，实现与用户的数据传输，最终采集用户上传的图片信息并将识别后的结果响应回客户端。

本章共分为以下 5 个任务。

任务 1　服务器环境的搭建
任务 2　路由、视图、模板的含义
任务 3　文件的上传与接收
任务 4　服务端模型的调用方式
任务 5　识别结果的响应

 学习目标

知识目标：

（1）熟悉 Django 框架的 MTV 核心思想。
（2）熟悉 Django 框架的前、后端交互形式。
（3）能够独立构建一个 Django 框架的工程。
（4）熟悉 Django 框架常用的配置文件中的核心配置。
（5）熟悉表单的基本构成：表单域、表单标签、表单按钮。
（6）熟悉表单的提交方式，了解 get 请求和 post 请求的区别。

（7）了解 Django 路由设置。

（8）了解如何通过表单上传动物图片。

（9）了解 requests 模块的工作原理及接收图片的流程。

（10）熟悉如何通过 Keras 加载 H5 文件。

（11）熟悉调用 H5 模型预测的方法。

（12）了解调用 TensorFlow Serving 模型的具体流程。

（13）熟悉将客户端发送的数据进行处理的流程。

（14）熟悉响应对象的组成。

（15）熟悉利用 render 函数将深度学习训练后的结果响应回前端的流程。

能力目标：

（1）能够根据业务需求对不同部署场景制订深度学习模型部署方案。

（2）能够用深度学习模型部署工具对深度学习模型进行服务端部署。

（3）能够配置 Python Web 开发环境和创建 Django 项目，掌握在 Web 开发平台中部署项目的方法。

（4）能够定义视图，处理请求和响应，在视图中使用模型、基于类的视图、内置通用视图。

素养目标：

（1）培养学生养成发现工具的意识。

（2）提升学生借助工具解决实际问题、发挥工具最大价值的能力。

（3）培养学生使用辩证唯物主义认识事物的能力。

（4）培养学生分析问题的能力。

任务 1   服务器环境的搭建

任务描述

Web 框架是一个建设 Web 应用的半成品，如图 4-1 所示，首先由浏览器发送 HTTP 请求，通过路由分发请求，匹配请求路径对应的功能处理模块，再通过数据库获取结果并将结果响应到网页中，最后呈现给用户。

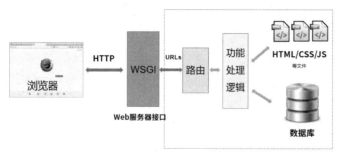

图 4-1 Web 框架

本任务基于 Django 框架搭建 Web 开发平台，详细介绍工程中每个文件的作用及 MTV

核心思想。

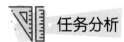

任务分析

1）技术分析
- 熟悉 Django 框架的 MTV 核心思想。
- 熟悉 Django 框架的前、后端交互形式。
- 熟悉 Django 的安装流程。
- 能够独立构建一个 Django 框架的工程。
- 熟悉 Django 工程的目录结构。
- 熟悉 Django 框架常用的配置文件中的核心配置。

2）需要具备的职业素养
培养学生认认真真、尽职尽责的敬业精神。

任务实施

4.1.1 Django 框架项目搭建

这里以 PyCharm 为例，演示在 PyCharm 下创建 Django 框架项目并完成其初始化配置的过程。首先单击"New Project"按钮新建工程，选择"Django"选项，设置好项目的存储路径后，单击"Create"按钮创建即可，如图 4-2 所示。

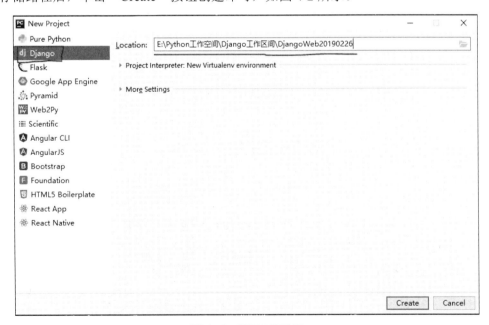

图 4-2　设置工程路径

首次进入 PyCharm 后，会下载相关 Django 插件，启动较慢，进入工程后，工程会内置几个配置文件，配置文件的作用如图 4-3 所示。

图 4-3   配置文件的作用

接下来需要在项目中创建 App，每个 App 相当于一个大型项目中的分系统、子模块、功能部件等，相互之间比较独立，但也有联系。

选中当前项目，单击 PyCharm 上方的"Tools"按钮，在下拉列表中选择"Run manage.py Task..."选项，在窗口中输入"startapp test1"指令，创建名为 test1 的 App，此时项目下会生成一个名为 test1 的文件夹，接下来即可步入开发的旅程。详细操作过程如图 4-4～图 4-6 所示。

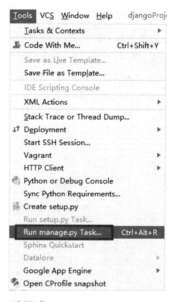

图 4-4   选择"Run manage.py Task..."选项

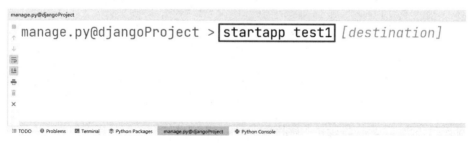

图 4-5   输入指令

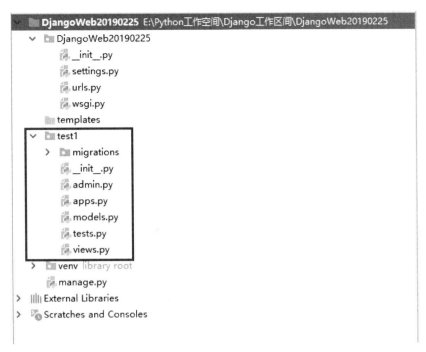

图 4-6　查看目录结构

4.1.2　启动项目

在项目构建完毕后，通过编写代码启动项目来了解 Django 框架的基本使用方法。

修改 views.py 文件，views.py 中包含对某个 HTTP 请求（URL）的响应，通过声明函数可以对数据进行逻辑处理。

```
# Create your views here.
from django.http import HttpResponse

def hello(request):
  return HttpResponse("Hello World! I am coming...")
```

进行路由的设置，在 urls.py 中指定 URL 与处理函数之间的路径关系。

```
from django.contrib import admin
from django.urls import path

# 引入test1项目中的views文件
from test1 import views

urlpatterns = [
 # 设置views.py文件中函数的访问路径
 path('index/', views.hello),
 path('admin/', admin.site.urls),
]
```

在 path 函数中，第一个参数表示请求的路径，第二个参数表示路径对应的处理函数，如图 4-7 所示。

深度学习技术应用

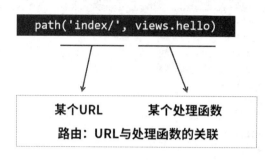

图 4-7　path 函数

单击 PyCharm 右上方的"运行"按钮，即可启动项目，在下方控制台中可显示当前服务器的访问网址，如图 4-8、图 4-9 所示。

图 4-8　启动项目

```
June 30, 2022 - 18:00:49
Django version 4.0.5, using settings 'djangoProject.settings'
Starting development server at http://127.0.0.1:8000/
Quit the server with CTRL-BREAK.
```

图 4-9　项目访问路径

在浏览器中输入指定网址后即可访问 Django 框架写好的内容，这里的网址应该是在项目的访问路径后添加路由设置好的 index/路径，如图 4-10 所示。

Hello World! I am coming...

图 4-10　响应结果

以上就是关于 Django 框架从启动到测试的全流程，接下来详细介绍路由、视图等含义和作用。

4.1.3　MTV 核心思想

对于每一个 Web 平台开发的网站而言，数据的组织、处理、显示都是不可缺少的功

142

能，而如何管理这三者之间的关系就是 Django 框架研究的重点。在 Django 框架中，根据不同模块的业务功能，Django 将所有的内容分为 M、T、V 三大模块。MTV 模式如图 4-11 所示。

Web云端系统的三个通用功能需求

Web云端系统

数据组织　　　　数据处理　　　　数据显示

图 4-11　MTV 模式

MTV 核心思想中每个模块的具体作用和功能如下。

M——Model（模型）：数据组织

Model 在项目中起到数据存储与数据组织相关的作用，包含组织和存储数据的方法、模式及与数据模型相关的操作。

T——Template（模板）：数据显示

Template 负责与显示相关的所有功能，包含页面展示风格和方式，与具体数据分离，定义表现风格的模块。

V——View（视图）：数据处理

View 针对请求选取数据的功能，选择哪些数据用于展示，指定显示模板，每个 URL 对应一个回调函数，即 View 可以控制数据处理的业务逻辑。

MTV 工作流程如图 4-12 所示。

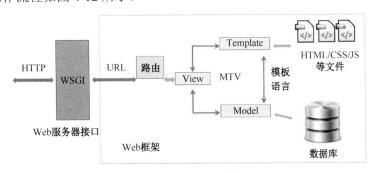

图 4-12　MTV 工作流程

　　每一个模块在项目中对应的开发文件也有所不同，MTV 目录结构如图 4-13 所示。views 文件用来存储自定义函数声明视图；models 文件用于连接数据库进行数据持久化存储；urls 文件通过声明路由确定客户端请求网址与视图的关联关系；templates 对应的模板文件需要手动创建。

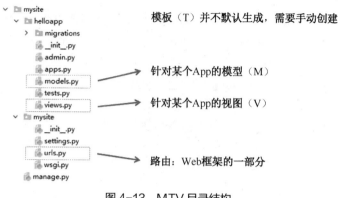

图 4-13　MTV 目录结构

任务 2　路由、视图、模板的含义

任务描述

由于本项目通过搭建 Web 开发平台将动物识别结果以可视化形式展示给用户，因此在搭建过程中，如何与用户产生交互至关重要。因为前面已经通过数据集训练好数据模型并以 H5 文件的形式进行了存储，所以本项目暂时不需要单独声明 models 文件进行数据的存储与组织。本节重点介绍路由、视图、模板的含义。

任务分析

1）技术分析
- 熟悉表单的提交方式，了解 get 请求和 post 请求的区别。
- 熟悉 views 文件中视图函数的设定。
- 了解 HttpResponse 对象的工作原理。
- 熟悉路由的设计规范。
- 熟悉通过路由调用视图返回画面的全过程。
- 熟悉利用 render 函数将深度学习训练后的结果响应回前端的流程。
2）需要具备的职业素养
- 培养学生运用辩证唯物主义认识事物发展的思维方式。
- 培养学生认认真真、尽职尽责的敬业精神。

任务实施

4.2.1　请求-响应交互模式

客户端与服务器端进行通信的最基本方式就是通过点对点连接，服务器端接收到请求时，就开始处理，并通过同一个客户端连接来返回结果，这种模式就称为请求-响应交互模式。在 Web 开发中，HTTP 的设计目的是保证客户端与服务器端之间的通信。

HTTP 的工作方式是客户端与服务器端之间的请求-应答协议。Web 浏览器可能作为客户端，而计算机上的网络应用程序也可能作为服务器端。

客户端（浏览器）向服务器端提交 HTTP 请求；服务器端向客户端返回响应。响应包含关于请求的状态信息及可能被请求的内容。请求-响应交互模式如图 4-14 所示。

图 4-14 请求-响应交互模式

Request 对象的作用是与客户端交互，收集客户端的 Form、Cookies、超链接，或者收集服务器端的环境变量。Request 对象从客户端向服务器端发出请求，包括用户提交的信息及客户端的一些信息。客户端可通过 HTML 表单或在网页地址后面提供参数的方法提交数据，服务器端通过 Request 对象的相关方法来获取这些数据。Request 的各种方法主要用来处理客户端浏览器提交的请求中的各项参数和选项。

通俗来说，Request 对象表示请求，当客户端通过浏览器输入网址后，即可发送请求至服务器端，而服务器端可以设置不同网址匹配的处理逻辑，这个过程是由路由来实现的。

4.2.2 Django 路由和视图

完整的路由包含路由地址、视图函数（或视图类）、可选变量、路由命名，其中必须包含的信息有路由地址、视图函数（或视图类）。路由地址即我们访问的地址，视图函数（或视图类）即 App 目录下 views.py 文件中定义的函数或类。

在创建项目时，自动生成一个 urls.py 配置文件，而在项目下手动创建的 App 中默认没有 urls.py 配置文件，通常情况下，可在 App 中手动创建一个 urls.py 配置文件来管理该 App 的路由地址，其工作原理如下。

在运行 Django 项目时，Django 从项目中的 urls.py 找到各个 App 所定义的路由信息，生成完整的路由列表。

用户在浏览器上访问某个路由地址时，Django 就会收到该用户的请求信息。

Django 从当前请求信息获取路由信息，并在路由列表里匹配相应的路由信息，再执行路由所指向的视图函数（或视图类），通过视图函数（或视图类）对业务逻辑或数据进行处理后返回给前端，从而完成整个请求响应过程。

这种路由设计模式在项目文件夹中的 urls.py 代码如下。

```
from django.contrib import admin
from django.urls import path
from test1 import views


urlpatterns = [
```

```
# index/路径指向views文件中的hello函数
path('index/', views.hello),
]
```

from django.contrib import admin：导入内置的 Admin 功能模块。

from django.urls import path：导入内置的 path 函数声明路由。

from test1 import views：导入 test1 项目中的 views 文件。

urlpatterns：代表整个项目的路由集合，以列表格式表示，每个元素代表一条路由信息。

path('index/', views.hello)：设定 hello 函数的路由信息。index/代表 127.0.0.1:8000/index 的路由地址，index 后面的斜杠是路径分隔符，其作用等同于 PC 中文件目录的斜杠符号；views.hello 指向内置 test1 模块中 views 文件里声明的 hello 函数。

接下来找到 test1 项目中的 views.py 文件，在文件中声明自定义函数表示路由中指定路径对应的视图函数。

```
from django.shortcuts import render
from django.http import HttpResponse


# Create your views here.
def hello(request):
    return HttpResponse("Hello World! I am coming...")
```

from django.http import HttpResponse：导入内置的 HttpResponse 函数。

return HttpResponse("Hello World! I am coming...")：利用内置的 HttpResponse 函数声明响应结果，将括号内的数据信息响应回客户端进行显示。

编写完所有代码后，启动应用，输入网址后，通过路由匹配指定视图函数，即可看到服务器响应的数据结果，浏览器画面如图 4-15 所示。

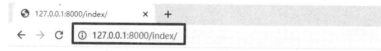

图 4-15　浏览器画面

4.2.3　Django 模板和响应

视图函数接受 HTTP 请求并返回响应，可以放在任何地方，可以是任何功能。视图函数可以返回 Web 文本、页面、重定向、错误、图片等任何内容。视图函数通过 HttpResponse、JsonResponse 等类表达并返回响应。按照约定，视图函数放在对应 App 中的 views.py 文件里。

响应通过 Response 声明，响应本质上就是服务器端发送给客户端的数据结果，在用户将本地图片上传至服务端后，需要将识别的数据结果通过响应的形式发送回客户端，让客户端可以查看识别结果。响应类型及其说明如表 4-1 所示。

表 4-1　响应类型及其说明

响 应 类 型	说　明
HttpResponse	主要反馈类型，父类，HTTP 状态码默认为 200
HttpResponseRedirect	重定向，HTTP 状态码为 302
HttpResponsePermanentRcdirect	永久重定向，HTTP 状态码为 301
HttpResponseNotModified	网页无改动，该类型无任何参数，HTTP 状态码为 304
HttpResponseBadRequest	不良响应，HTTP 状态码为 400
HttpResponseForbidden	禁止访问，HTTP 状态码为 403
HttpResponseNotAllowed	不被允许，HTTP 状态码为 405
HttpResponseGone	HTTP 状态码为 410
HttpResponseServerError	服务器错误，HTTP 状态码为 500
HttpResponseNotFound	404 错误，HTTP 状态码为 404

HttpResponse 可以直接将需要展示给用户的数据进行响应，用户通过浏览器就可以直接看到响应的数据结果。因为通过 HttpResponse 的方式只能向用户响应单一的文本数据，所以需要一种更高级的方式显示数据，那就是模板引擎。

利用模板引擎可以在后端通过 render 函数直接将一个设定好的 HTML 网页响应给用户，这样可以通过多种形式将数据展示给用户。

Template.render（request, url, context）是模板对象提供的用于将模板结合内容渲染成 HTML 的方法，函数中 3 个参数的含义如下。

request：HTTP 请求。

url：HTML 网页路径。

context：字典类型，用于声明加载到模板中的内容。

接下来通过代码的方式演示如何使用模板引擎 render 函数将 HTML 模板的画面呈现给用户。

在项目的 templates 文件夹中创建名为 demo.html 的网页文件，如图 4-16 所示。

图 4-16　创建网页文件

在 demo.html 文件中通过 HTML 语法声明网页的内容。

```
<!DOCTYPE html>
<html lang="en">
<head>
    <meta charset="UTF-8">
    <title>Title</title>
</head>
<body>
    <h1>欢迎使用Django</h1>
    <h3>1.1 Django由来</h3>
    <p>
        Django是一个开放源代码的Web应用框架，由Python写成，它采用了MTV的框架模
式（模型M、视图V和模板T）。
    </p>
    <p>
        这套框架是以比利时的吉普赛爵士吉他手Django Reinhardt的名字来命名的。
    </p>
</body>
</html>
```

在 views.py 文件中自定义函数 goDemo，函数内通过 render 方法将 demo.html 文件的数据响应回客户端展示。

```
def goDemo(request):
    return render(request, "demo.html")
```

在 urls.py 文件中声明路由，设置 goDemo 函数的访问路径。

```
from django.contrib import admin
from django.urls import path
from test1 import views

urlpatterns = [
    path('index/', views.hello),
    # 声明路由通过goDemo/路径访问views文件中的goDemo函数
    path('goDemo/', views.goDemo),
]
```

启动项目，输入网址后查看浏览器响应的画面结果，如图 4-17 所示，这就是 demo.html 网页中的内容，即模板引擎。

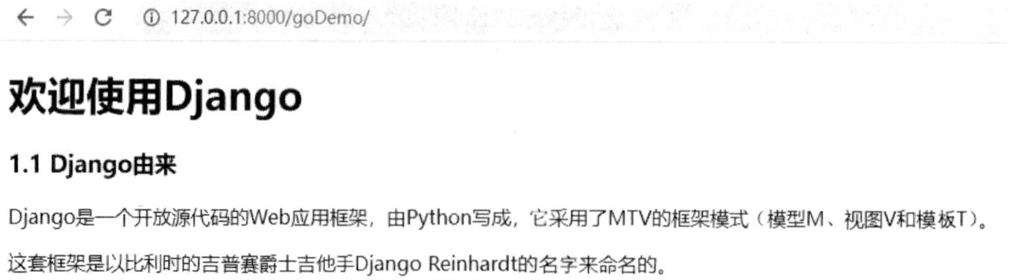

← → C ⓘ 127.0.0.1:8000/goDemo/

欢迎使用Django

1.1 Django由来

Django是一个开放源代码的Web应用框架，由Python写成，它采用了MTV的框架模式（模型M、视图V和模板T）。

这套框架是以比利时的吉普赛爵士吉他手Django Reinhardt的名字来命名的。

图4-17　浏览器响应的画面结果

4.2.4　get 请求和 post 请求处理

在客户端和服务器之间进行请求和响应时，两种最常用的请求方法是 get 请求和 post 请求。

get 请求指的是从指定的资源请求数据。post 请求指的是向指定的资源提交要被处理的数据。

get 请求提交参数一般显示在 URL 上，post 请求通过表单提交，不会显示在 URL 上，更具隐蔽性，这两种请求如图 4-18 所示。

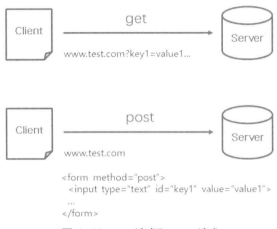

图 4-18　get 请求和 post 请求

当然无论是 get 请求还是 post 请求，统一都由视图函数接收，通过判断 request.method 区分具体的请求动作。

```
def demo(request):
    if request.method=="GET":
  # get请求时的业务逻辑
    elif request.method=="POST":
  # post请求的业务逻辑
    else:
        # 其他请求业务逻辑
    return
```

1）get 请求

get 请求一般用于向服务器获取数据，能够产生 get 请求的场景如下。

（1）浏览器地址栏中输入 URL。

（2）通过超链接发送 get 请求：<a href="地址?参数=值&参数=值">。

（3）表单的 method 属性为 get。

在 get 请求方式中，如果有数据需要传递给服务器，那么通常会用查询字符串（QueryString）传递，其 URL 格式：访问路径?参数名 1=值 1&参数名 2=值 2...

启动 Django 项目，打开浏览器，输入网址"http://127.0.0.1:8000/getParam/?a=10&b=20"，在 views.py 文件中声明自定义函数用于接收 get 请求中的数据信息，接收请求中参数 a 和 b，然后求和并响应回客户端。

```
def getParam(request):
```

```
    # 从请求中接收参数a
    a = int(request.GET.get("a"))
    # 从请求中接收参数b
    b = int(request.GET.get("b"))
    # 将a和b求和后响应回客户端
    return HttpResponse("a + b = {}".format(a + b))
```

设置 urls.py 文件中的路由信息,绑定请求路径和视图函数的关系。

```
from django.contrib import admin
from django.urls import path
from test1 import views

urlpatterns = [
    path('index/', views.hello),
    path('goDemo/', views.goDemo),
    path('getParam/', views.getParam),
]
```

输入网址后按【Enter】键,通过网页加载的结果可以看到,服务器端已经成功将两个参数求和并显示在画面中,如图 4-19 所示。

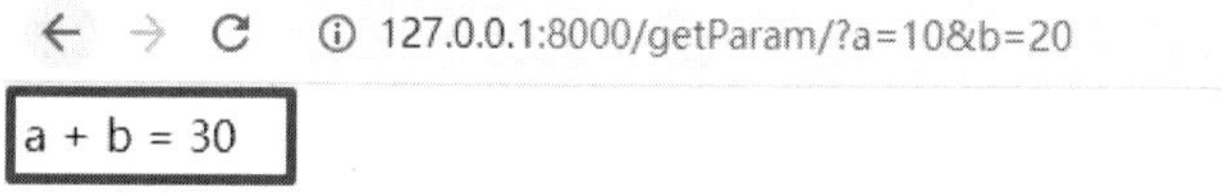

图 4-19 响应结果

2)post 请求

post 请求用于向服务器端提交大量或隐私数据,客户端通过表单等 post 请求将数据传递给服务器端,如在网页中定义以下代码。

```
<form method="post" action="/getParam2/">
    {% csrf_token %}
    姓名: <input type="text" name="username">
    <br/>
    <input type="submit" value="登录">
</form>
```

表单的主要作用:显示、收集、提交用户信息到服务器端上。

表单一般由以下 3 部分构成。

(1)表单标签:form。

(2)表单域:input、select、textarea。

(3)表单按钮:submit、reset。

{% csrf_token %}用于解决表单发送 post 请求时的跨域问题,将请求路径设置为 getParam2,接下来编写 views.py 文件中的视图和 urls.py 文件中的路由即可。

```
def getParam2(request):
    # 从请求中接受参数username
    username = request.POST.get("username")
    # 将结果响应回客户端
    return HttpResponse("your name is {}".format(username))
```

```
from django.contrib import admin
from django.urls import path
from test1 import views

urlpatterns = [
    path('index/', views.hello),
    path('goDemo/', views.goDemo),
    path('getParam/', views.getParam),
    # 设置表单的请求路径与视图的关联
    path('getParam2/', views.getParam2),
]
```

启动项目后，先进入表单页面，在文本框内输入姓名，如夯大力，单击"登录"按钮后成功跳转画面，并显示结果，如图 4-20、图 4-21 所示。

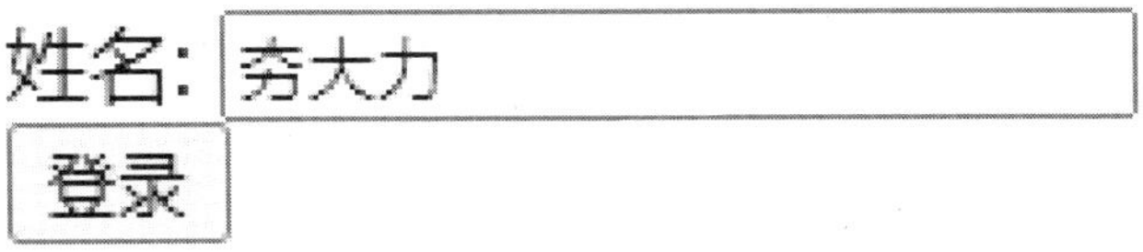

图 4-20　表单

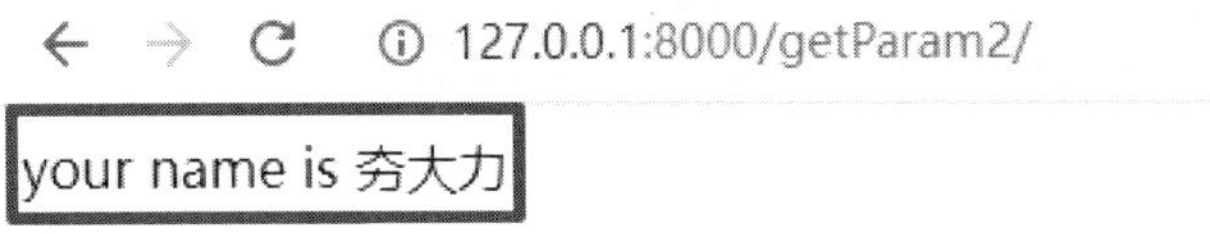

图 4-21　响应结果

任务 3　文件的上传与接收

任务描述

本项目需要采集用户上传的动物图片，利用神经网络对动物图片进行分析和预测。本任务主要演示一下如何通过 Django 框架实现文件的上传与接收。

任务分析

1）技术分析
● 了解如何通过表单上传动物图片。
● 了解 requests 模块的工作原理及接收图片的流程。
2）需要具备的职业素养
培养学生按照项目规范完成项目流程的职业素养。

任务实施

首先，在 templates 目录下新建一个名为 upload_file.html 的网页文件，如图 4-22 所示。

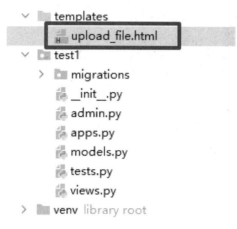

图 4-22　新建网页文件

在网页中声明以下代码，利用表单将用户选中的文件进行上传，需要注意的是，method 必须声明为 post 提交形式。

```html
<form enctype="multipart/form-data" action="/uploadFile/"
method="post">
        {% csrf_token %}
        <input type="file" name="myfile" />
        <br/>
        <input type="submit" value="upload"/>
    </form>
```

name="myfile"：表示通过文件上传控件，将图片数据名字命名为 myfile，方便在视图函数中通过 myfile 这个名字获取用户上传的图片信息。

在 views.py 文件中声明下面的函数，其中 render 的作用是将模板和内容整合到一起，返回 HTML 网页。

```python
# 声明函数跳转到上传页面
def goUpload(request):
    return render(request, "upload_file.html")
```

在 urls.py 文件中添加路由，通过 goUpload 路径访问视图中的函数，并通过 render 返回指定的模板网页，呈现表单页面。

```python
from django.contrib import admin
from django.urls import path
from test1 import views

urlpatterns = [
    # 声明跳转到上传页面的路由
    path('goUpload/', views.goUpload),
    path('admin/', admin.site.urls),
]
```

启动项目，打开浏览器，输入"http://127.0.0.1:8000/goUpload/"，访问文件上传页面。单击"选择文件"按钮即可选择指定图片进行上传，如图 4-23 所示。

图 4-23　文件上传页面

选中指定图片后，单击"打开"按钮，即可将表单中的图片信息发送到后端，如图 4-24 所示。

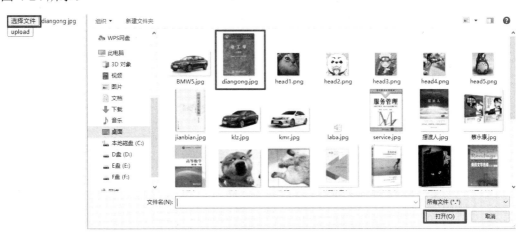

图 4-24　上传图片

表单的提交路径是/uploadFile/，程序会跳转到后端对应的 view 函数中，需要在 urls.py 文件中声明额外的路由路径，如图 4-25 所示。

```
<form enctype="multipart/form-data" action="/uploadFile/" method="post">
    {% csrf_token %}
    <input type="file" name="myfile" />
    <br/>
    <input type="submit" value="upload"/>
</form>
```

图 4-25　表单的提交路径

在 urls.py 文件中设置好 views 函数的访问路径，这样前端即可将图片提交至指定的后端程序。

```
from django.contrib import admin
from django.urls import path
from test1 import views

urlpatterns = [
    # 声明跳转到上传首页的路由
    path('goUpload/', views.goUpload),
    # 声明函数用于跳转到实现文件上传的函数中
```

```
        path('uploadFile/', views.upload_file),
        path('admin/', admin.site.urls),
]
```

在 views.py 文件中声明函数用于进行文件接收，首先读取表单上传的图片信息，再将图片信息分段存储到本地设置好的路径中，如 E 盘的 upload 文件夹。

```
# 声明函数用于文件上传
def upload_file(request):
    if request.method == "POST":
        # 获取上传的文件,如果没有文件,则默认为None;
        myFile = request.FILES.get("myfile", None)
        if myFile is None:
            return HttpResponse("no files for upload!")
        # 打开特定的文件进行二进制的写操作;
        with open("E:/upload/%s" % myFile.name, 'wb+') as f:
            # 分块写入文件;
            for chunk in myFile.chunks():
                f.write(chunk)
        return HttpResponse("upload over!")
```

图片上传完成后，网页会显示"upload over!"表示图片上传成功，如图 4-26 所示。可以在 E 盘的 upload 文件夹内看到上传的图片，如图 4-27 所示。

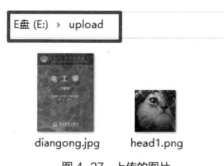

图 4-26　图片上传成功

图 4-27　上传的图片

本任务主要介绍了通过 Django 框架实现前、后端的数据交互及文件的上传和接收，在接收到文件后，就可以基于训练好的动物识别模型对用户上传的图片进行预测了。

任务 4　服务端模型的调用方式

 任务描述

本任务在用户通过 Web 上传动物图片后，利用训练好的动物识别模型，通过加载 H5

模型，对用户上传的图片进行预测。这里演示两种模型的调用手段：基于 Keras 框架加载 H5 模型和基于 TensorFlow Serving 实现模型的调用。

任务分析

1）技术分析
- 掌握通过 Keras 加载 H5 模型的方法。
- 掌握调用 H5 模型预测的方法。
- 了解 TensorFlow Serving 服务调用的方式。
- 了解 TensorFlow Serving 模型存储的具体流程。
- 了解 TensorFlow Serving 模型调用的具体流程。
- 了解 TensorFlow Serving 模型调优的具体方式。

2）需要具备的职业素养
- 培养学生的规范与标准意识。
- 培养学生的法律意识。
- 培养学生诚实守信的职业道德。

任务实施

H5 模型的加载

H5 模型的全称为 Hierarchical Data Format（分层数据格式），是一种二进制文件格式，可表示多维数据集和图片，其文件格式的后缀为.h5，该文件格式用于存储、管理、交互数据。H5 文件在存储大量数据方面拥有极大的优势，使用 H5 文件来存储数据效率更高。

H5 文件中有两个核心的概念：数据集（dataset）和组（group）。一个 H5 文件就是一个 dataset 和 group 二合一的容器。

dataset：类似数组组织形式的数据集合，像 numpy 数组一样工作，一个 dataset 即一个 numpy.ndarray。dataset 可以是图片、表格，甚至可以是 PDF 和 EXCEL 文件。

group：包含了其他 dataset 和其他 group，像字典一样工作。

一个 H5 文件像 linux 文件系统一样被组织起来：dataset 是文件，group 是文件夹，可以包含多个文件夹和多个文件，其组织形式如图 4-28 所示。这是一个 H5 模型的基本数据组织形式。

加载 H5 模型的方式有很多，最常见的有以下两种：通过 H5py 包对 H5 文件进行加载操作；通过 load 直接在 Keras 框架中加载 H5 文件。

通过 H5py 模块提供的 File 函数读取 H5 模型，这种方式类似于传统的 Python 的 I/O 操作，由于本项目重点使用 Keras 框架加载 H5 文件，因此该模式不过多赘述。

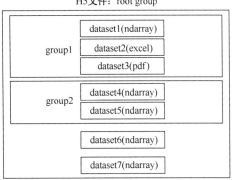

图 4-28　H5 文件的组织形式

```
import h5py
import numpy as np

#创建一个H5py文件
f = h5py.File("mytestfile.h5", "w")
#和python打开文件的方式一样，可以有'w',有'a'

# 展示文件名
f.name


#创建一个dataset
dset = f.create_dataset("mydataset", data=np.random.random((3,3)))
#这样的创建方式就会在根目录f下创建一个dataset，内容为data的内容

# 展示数据集名称
dset.name
```

在 Keras 框架中对 H5 模型的操作主要分两种：存储模型和加载模型。这两种操作对应的代码分别如下。

存储模型：

```
model.save('**.h5')
```

加载模型：

```
new_model = tf.keras.models.load_model('**.h5')
```

将训练好的模型以 H5 形式存储后，即可通过 load_model 函数加载模型，并针对测试集中的图片进行简单的预测，在预测时需要使用 predict 函数。

```
# 加载模型
new_model = tf.keras.models.load_model('model/dog_cat.h5')

# 模型预测
# 采用加载的模型（new_model）来看预测结果
plt.figure(figsize=(18, 3))   # 图形的宽为18，高为5
plt.suptitle("预测结果展示")

for images, labels in val_ds.take(1):
    for i in range(8):
        ax = plt.subplot(1, 8, i + 1)
        # 显示图片
        plt.imshow(images[i].numpy())
        cv2.imwrite('img/a{}.jpg'.format(i), images[i].numpy())

        # 需要给图片增加一个维度
        img_array = tf.expand_dims(images[i], 0)
        # 使用模型预测图片中的动物
        predictions = new_model.predict(img_array)
        plt.title(class_names[np.argmax(predictions)])
        plt.axis("off")
```

4.4.1　TensorFlow Serving 环境搭建

平时我们使用 TensorFlow 进行模型的训练、验证和预测，但模型完善之后的生产上线流程所应用的技术可谓五花八门。针对这种情况，Google 提供了 TensorFlow Serving，可以将训练好的模型直接上线并提供服务。

搭建基于 TensorFlow Serving 的持续集成框架基本分为以下 3 个步骤。

（1）模型训练：包括数据收集和清洗、模型的训练、评测和优化。

（2）模型上线：将训练好的模型在 TF Server 中上线。

（3）服务使用：客户端通过 gRPC 和 RESTfull API 两种方式同 TensorFlow Serving 端进行通信，并获取服务。

TensorFlow Serving 的基本工作流程如图 4-29 所示。

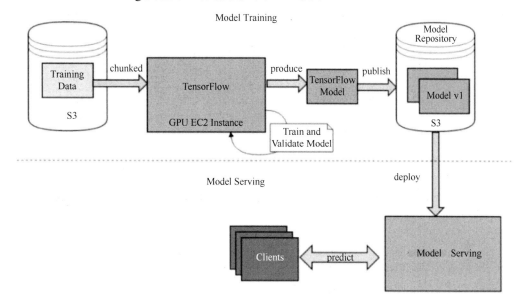

图 4-29　TensorFlow Serving 的基本工作流程

目前 TensorFlow Serving 有 Docker、APT 和源码编译 3 种方式，考虑到实际的生产环境项目部署和简单性，推荐使用 Docker 方式。

由于 Docker 并非一个通用的容器工具，它依赖于已存在并运行的 Linux 内核环境，因此 Docker 必须部署在 Linux 内核的系统上。其他系统若想部署 Docker，则必须安装一个虚拟 Linux 环境。关于 Docker 和 Linux 系统的安装与搭建，本书不进行介绍，读者可以查看资料自行安装下载。

通过 docket pull 命令准备 TensorFlow Serving 的 Docker 环境。

```
# docker pull tensorflow/serving
```

TensorFlow Serving 客户端和服务端的通信方式有两种（gRPC 和 RESTfull API），首先讲解 RESTfull API 的形式通信。

RESTful：用 URL 定位资源，用 HTTP 动词（GET、POST、PUT、DELETE）描述操作。RESTful API 就是 REST 风格的 API，REST 是一种架构风格，跟编程语言无关，跟平台无关，采用 HTTP 做传输协议。

示例代码中包含已训练好的模型和与服务端进行通信的客户端（RESTfull API 形式不需要专门的客户端）：

```
# mkdir -p /tmp/tfserving
# cd /tmp/tfserving
# git clone https://github.com/tensorflow/serving
```

运行 TensorFlow Serving：

```
# docker run -p 8501:8501 \
  --mount type=bind,\
source=/tmp/tfserving/serving/tensorflow_serving/servables/tensorfl
ow/testdata/saved_model_half_plus_two_cpu,\
  target=/models/half_plus_two \
  -e MODEL_NAME=half_plus_two -t tensorflow/serving &
```

客户端验证：

```
# curl -d '{"instances": [1.0, 2.0, 5.0]}' \
  -X POST http://localhost:8501/v1/models/half_plus_two:predict
```

得到响应的数据结果：

```
# { "predictions": [2.5, 3.0, 4.5] }
```

然后讲解 gRPC 的通信形式，下载官方示例代码：

```
# mkdir -p /tmp/tfserving
# cd /tmp/tfserving
# git clone https://github.com/tensorflow/serving
```

模型编译：

```
# python tensorflow_serving/example/mnist_saved_model.py models/mnist
```

运行 TensorFlow Serving：

```
# docker run -p 8500:8500 \
--mount type=bind,source=$(pwd)/models/mnist,target=/models/mnist \
  -e MODEL_NAME=mnist -t tensorflow/serving
```

在客户端验证，并获取响应结果：

```
# { "predictions": [2.5, 3.0, 4.5] }
#  Inference error rate: 11.13%
```

以前客户端和服务器端的通信只支持 gRPC。在实际的生产环境中，比较广泛使用的 B/S 通信手段是基于 RESTfull API 的，幸运的是，在 1.8 版本以后，TensorFlow Serving 也正式支持 RESTfull API 通信方式了。

4.4.2 TensorFlow Serving 服务调用

训练好的 TensorFlow 模型以 tensorflow 原生方式存储成 H5 文件后，可以用许多方式部署运行。例如，通过 tensorflow-js 可以用 javascrip 脚本加载模型并在浏览器中运行模型。通过 tensorflow-lite 可以在移动和嵌入式设备上加载并运行 TensorFlow 模型。通过 tensorflow-serving 可以加载模型后提供网络接口 API 服务，通过任意编程语言发送网络请求可以获取模型预测结果。

TensorFlow Serving 是针对机器学习模型灵活且高性能的服务系统，专为生产环境而生。TensorFlow Serving 提供与 TensorFlow 模型相同的现成集成，但可以轻松进行扩展，以便服务于其他类型的模型和数据。

TensorFlow Serving 具备的特性如下。

● 可以同时服务于多个模型或相同模型的多个版本。

● 同时支持 gRPC 和 HTTP。

● 允许部署新模型版本，而无须更改任何客户端代码。

● 高性能、低消耗，具有最小化推理时间。

接下来通过代码的形式展示如何利用 TensorFlow Serving 进行模型的部署和调用，首先引入相关第三方库：

```
from __future__ import print_function
from grpc.beta import implementations
import tensorflow as tf
# 安装tensorflow-serving-api包并导入
from tensorflow_serving.apis import predict_pb2
from tensorflow_serving.apis import prediction_service_pb2
import numpy as np
import cv2
import scipy
```

设置好 TensorFlow Serving 的服务端口号和访问路径，以 gRPC 形式发送请求访问模型，并使用模型进行预测：

```
tf.app.flags.DEFINE_string('server', 'localhost:9000',
                    'PredictionService host:port')
tf.app.flags.DEFINE_string('image', 'data/test_data/1.JPG', 'path to
image in JPEG format')
FLAGS = tf.app.flags.FLAGS
```

声明自定义函数加载图片：

```
def imread(path, is_grayscale=False):
    if (is_grayscale):
        return scipy.misc.imread(path, flatten=True).astype(np.float)
    else:
        return scipy.misc.imread(path).astype(np.float)
```

通过自定义函数对加载的图片进行模型训练，这里直接调用 TensorFlow Serving 提供的服务来完成：

```
def export():
    with tf.Graph().as_default():
        image_size = 512
        images = tf.placeholder(tf.float32, [None, image_size,
image_size, 3])
        model = pix2pix()
        # Run inference.
        outputs = model.sampler(images)
        saver = tf.train.Saver()

        with tf.Session() as sess:
            saver.restore(sess, 'data/pix2pix_checkpoint/demo_fm')
            # Export inference model.
            output_path = os.path.join(
```

```
                tf.compat.as_bytes(FLAGS.output_dir),
                tf.compat.as_bytes(str(FLAGS.model_version)))
        print('Exporting trained model to', output_path)
        builder =
tf.saved_model.builder.SavedModelBuilder(output_path)
        inputs_tensor_info =
tf.saved_model.utils.build_tensor_info(images)
        outputs_tensor_info =
tf.saved_model.utils.build_tensor_info(
            outputs)

        prediction_signature = (

tf.saved_model.signature_def_utils.build_signature_def(
            inputs={'images': inputs_tensor_info},
            outputs={
                'outputs': outputs_tensor_info,

            },

method_name=tf.saved_model.signature_constants.REGRESS_METHOD_NAME
            ))

        builder.add_meta_graph_and_variables(
            sess, [tf.saved_model.tag_constants.SERVING],

{tf.saved_model.signature_constants.DEFAULT_SERVING_SIGNATURE_DEF_KEY:
            prediction_signature}
        )

        builder.save()
        print('Successfully exported model to %s' % FLAGS.output_dir)
```

上述代码在模型训练成功后已经成功将模型部署到服务端，只需要使用一开始设定好的端口号和访问路径，访问模型进行预测即可：

```
def main(_):
    host, port = FLAGS.server.split(':')
    channel = implementations.insecure_channel(host, int(port))
    stub =
prediction_service_pb2.beta_create_PredictionService_stub(channel)
    data = imread(FLAGS.image)
    data = data / 127.5 - 1.
    image_size = 512
    sample = []
    sample.append(data)
    sample_image = np.asarray(sample).astype(np.float32)
    request = predict_pb2.PredictRequest()
    request.model_spec.name = 'pix2pix'
```

```
        request.model_spec.signature_name =
tf.saved_model.signature_constants.DEFAULT_SERVING_SIGNATURE_DEF_KEY
        request.inputs['images'].CopyFrom(
            tf.contrib.util.make_tensor_proto(sample_image, shape=[1,
image_size, image_size, 3]))
        result_future = stub.Predict.future(request, 5.0)  # 5 seconds
        response = np.array(
            result_future.result().outputs['outputs'].float_val)
        out = (response.reshape((512, 512, 3)) + 1) * 127.5
        out = cv2.cvtColor(out.astype(np.float32), cv2.COLOR_RBG2RGB)
        cv2.imwrite('data/test_result/' + '1.jpg', out)
```

本任务主要介绍通过 TensorFlow Serving 对模型进行部署、存储及调用。不过，后续开发主要还是以在 Kears 框架下加载 H5 模型进行预测为主。

任务 5　识别结果的响应

 任务描述

本任务的主要内容是基于深度学习搭建卷积神经网络后对训练模型的结果进行分析，通过加载模型对图片进行预测并得到预测结果。

任务分析

1）技术分析
● 掌握调用 H5 模型预测的方法。
● 熟悉利用 render 函数最终将深度学习训练后的结果响应回前端的流程。
2）需要具备的职业素养
● 培养学生运用辩证唯物主义认识事物发展的思维方式。
● 培养学生认认真真、尽职尽责的敬业精神。

 **任务实施**

4.5.1　模型预测

基于训练好的动物识别模型，本任务通过 Kears 框架提供的 load_model 函数加载模型，并对用户上传的动物图片进行预测。

加载指定路径下的模型文件，以 E 盘下的 model 文件夹为例：

```
# 加载训练好的猫狗识别数据模型
dog_cat_model = keras.models.load_model('E:/model/dog_cat.h5')
dog_cat_model.summary()
```

在模型预测前，需要定义函数。先对用户上传的图片进行简单的处理，包括大小设置、颜色转换、图片维度转换及归一化处理，再将处理后的图片信息返回：

```
# 规范化图片大小和像素
def get_inputs(src):
    # 读取图片
    img_input = cv2.imread(src)
    # 设置图片大小
    img_input = cv2.resize(img_input, (224, 224))
    # 设置颜色空间转换函数
    img_input = cv2.cvtColor(img_input, 3)
    # 重新设置图片维度准备进行预测
    img_input = np.reshape(img_input, [1, 224, 224, 3])
    # 对图片进行归一化处理
    img_output = np.array(img_input) / 255
    return img_output
```

灰度化处理是将一幅彩色图片转化为灰度图片。灰度化就是使彩色图片的 R、G、B 分量相等的过程，即令 R=G=B，此时的彩色表示的就是灰度颜色，如图 4-30 所示（在对彩色图片进行灰度化处理后，输出的图片就只包含黑、白、灰 3 种颜色）。

图 4-30　灰度化处理

归一化（Normalization）是指将在一定范围内的数值集合转换为 0～1。归一化的目的是控制输入向量的数值范围，使其不能过大或者过小。因为运行复杂程序非常耗时，所以数值过大时运行速度会更慢。归一化处理如图 4-31 所示。

图 4-31　归一化处理

接下来通过 prediect 函数根据指定模型对处理后的用户图片进行预测，最终解析预测结果并进行输出：

```python
# 获取归一化处理后的图片信息
img_output = get_inputs("E:/upload/cat.jpg" % myFile.name)

# 调用模型进行预测
prediction = dog_cat_model.predict(img_output)
print(prediction)
# 解析预测结果
prediction_index = np.argmax(prediction)
# 获取结果并响应
print("结果: " + class_names[prediction_index])
```

预测结果如图 4-32 所示。

```
Total params: 71,317,812
Trainable params: 71,317,812
Non-trainable params: 0

------------------------------------------------------------
1/1 [==============================] - 1s 814ms/step
预测结果为: dog
```

图 4-32 预测结果

本任务详细介绍了模型预测的过程并测试了模型预测的准确率，后续在 Web 开发中可借助此模型对用户上传的图片进行预测分析。

4.5.2 预测结果的响应

本节结合 Django 框架搭建 Web 开发平台，基于上节模型加载和预测的代码，实现对用户上传的图片进行结果的响应。

基于上一节预测的代码修改 views.py 文件，自定义视图函数，通过读取用户上传后存储在本地的图片，进行预测，通过 HttpResponse 对象将识别的结果响应回客户端：

```python
# 声明函数接收用户上传的图片，基于训练好的H5模型进行预测并获取结果
def check_file(request):
    if request.method == "POST":
        # 获取上传的文件,若没有文件,则默认为None;
        myFile = request.FILES.get("picture", None)
        if myFile is None:
            return HttpResponse("no files for upload!")
        # 打开特定的文件进行二进制的写操作;
        with open("E:/upload/%s" % myFile.name, 'wb+') as f:
            # 分块写入文件;
            for chunk in myFile.chunks():
                f.write(chunk)
    print("写入成功")
    # 将用户上传后的图片写入指定目录后，通过OpenCV模块加载图片
```

```python
# 设置标签集
class_names = ['cat', 'dog']

# 加载训练好的猫狗识别数据模型
dog_cat_model = keras.models.load_model('E:/model/dog_cat.h5')
dog_cat_model.summary()
# 获取归一化处理后的图片信息
img_output = get_inputs("E:/upload/%s" % myFile.name)

# 调用模型进行预测
prediction = dog_cat_model.predict(img_output)
print(prediction)
# 解析预测结果
prediction_index = np.argmax(prediction)
# 获取结果并响应
return HttpResponse("结果: " + class_names[prediction_index])
```

任务小结

思政小结

网络运营者或技术人员不得在未经用户许可的情况下，通过 cookie 追踪用户行为，记录并获取用户的访问信息，实现统计网站访客数量、精准营销、记录用户喜好、操作等功能。在编写代码时一定要遵守规则，若不遵守规则，则会出现各种问题。

在模型的调用过程中，一定要追求"实事求是"。科学家在进行研究时，应该以实验数据和理论证据为依据，进行客观分析和判断。例如，物理学家通过实验和理论计算验证了相对论和量子力学的理论，推动了现代物理学的发展。在选择调用方式时，也需要根据实际需求来确定。

总结

本章主要介绍了 Django 框架的搭建流程及 Web 开发平台中路由、视图、模板的概念，并结合之前训练好的模型文件，基于模型的加载实现对用户上传的动物图片进行识别并响应结果。

项目 5

动物识别项目的开发

项目情境

本项目基于之前开发的所有内容对每个模块进行整合，实现最终的项目调试并查看运行结果，对常见的开发问题进行解析。

项目分解

本项目共分为以下 3 个任务。
任务 1　动物识别项目开发全流程
任务 2　项目测试及常见问题
任务 3　项目扩展案例

学习目标

知识目标：
（1）熟悉 JS 基本语法，了解 JS 基本流程控制语言语法。
（2）掌握 JS 事件的定义和函数的创建方法。
（3）了解 jQuery 框架的基本语法。
（4）熟悉通过 jQuery 定义 Ajax 引擎的语法结构。
（5）了解通过 Ajax 技术实现图片的异步上传操作。
（6）掌握创建 Ajax 引擎的几种方法。
（7）掌握回调函数的定义和使用方法。
（8）能够获取后端响应的 JSON 格式数据。
（9）了解 JSON 数据格式的基本构成并能够对 JSON 格式的数据进行解析。
（10）了解项目测试的基本流程。
（11）能够实现项目的最终调试。

能力目标：
（1）能够利用前端技术将后端深度学习模型训练后的最终结果显示在前端画面中。
（2）能够利用 JQ 语法通过定义 Ajax 引擎实现图片的上传。
（3）能够利用 Ajax 技术将后端深度学习模型训练后的最终结果显示在前端画面中。
（4）能够利用前端技术将后端深度学习模型训练后的最终结果显示在前端画面中。

素养目标：

（1）培养学生的艺术美感思维。

（2）帮助学生正确认识科学技术与艺术的关联。

（3）培养学生勇于创新的职业态度和习惯。

（4）培养学生的团队协作精神。

（5）培养学生严谨负责的职业态度和习惯。

（6）培养学生整体和部分、分析和综合的辩证思维方式。

任务 1　动物识别项目开发全流程

任务描述

本任务主要通过 Django 框架重新创建子项目，将动物识别开发的前端、模型全部引入新项目，通过新项目完成整个动物识别项目的开发和搭建。

任务分析

1）技术分析

● 了解项目测试的基本流程。

● 实现项目的最终调试。

2）需要具备的职业素养

● 培养学生的团队协作精神。

● 培养学生严谨负责的职业态度和习惯。

任务实施

在 Django 框架构建的项目中单击"Tools"按钮，在下拉列表中选择"Run manage.py Task..."选项，打开终端，准备创建项目子模块，如图 5-1 所示。

图 5-1　打开终端

在终端窗口中输入"startapp dpg_cat",创建名为 dog_cat 的子项目,如图 5-2 所示。

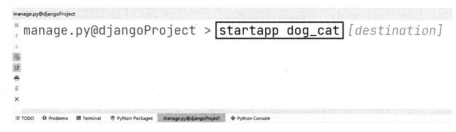

图 5-2　创建子项目

项目结构如图 5-3 所示,可以在 views.py 文件中声明函数,创建视图处理后端逻辑。

图 5-3　项目结构

打开 settings.py 文件,在文件最后声明以下代码,表示将所有静态资源引入 static 文件夹:

```
import os
STATICFILES_DIRS = [
    os.path.join(BASE_DIR, "static")
]
```

在 templates 目录下新建 dog_cat_index.html 文件,编写 HTML 代码完成网页开发,这里使用表单上传动物图片:

```
<section id="home" class="s-home page-hero target-section"
data-parallax="scroll" data-image-src="../static/images/dog_cat.jpg"
data-natural-width=3000 data-natural-height=2000 data-position-y=center>

    <div class="grid-overlay">
        <div></div>
    </div>

    <div class="home-content">
        <div class="row home-content__main">
            <h1 id="result">
                动物图片识别
```

```
            </h1>

            <h3>
                猫狗图片识别开发
                {{ result }}
            </h3>

            <div class="home-content__video">
                <a class="video-link" href="" data-lity>
                    <span class="video-icon"></span>
                    <span class="video-text">立即上传图片吧</span>
                </a>
            </div>

            <form action="/upload_picture/"
enctype="multipart/form-data" method="post">
                {% csrf_token %}
                <div class="home-content__button">
                    <a href="#" class="smoothscroll btn btn--primary
btn--large">
                        <input type="file" class="file-btn" id="upload"
name="picture"/>
                        <span id="message">请选择图片</span>
                    </a>
                    <button class="smoothscroll btn btn--large add-prop">
                        开始识别
                    </button>
                </div>
            </form>
        </div> <!-- end home-content__main -->
    </div> <!-- end home-content -->
</section> <!-- end s-home -->
```

上传路径为/upload_picture/，上传图片的名称为picture。设置路由，关联请求路径与视图函数：

```
from django.contrib import admin
from django.urls import path
from dog_cat import views as v

urlpatterns = [
    path('admin/', admin.site.urls),
    path('goIndex/', v.index),
    # 声明路由映射图片上传与图片识别的路径
    path('upload_picture/', v.check_file)
]
```

声明视图函数，加载 H5 模型并对用户上传的图片进行预测，通过 render 函数将预测结果响应在 index.html 页面中：

```
# 声明函数接收用户上传的图片，基于训练好的H5模型进行预测并获取结果
def check_file(request):
    if request.method == "POST":
        # 获取上传的文件,若没有文件,则默认为None;
```

```
myFile = request.FILES.get("picture", None)
if myFile is None:
    return HttpResponse("no files for upload!")
# 打开特定的文件进行二进制的写操作；
with open("E:/upload/%s" % myFile.name, 'wb+') as f:
    # 分块写入文件；
    for chunk in myFile.chunks():
        f.write(chunk)
print("写入成功")
# 将用户上传后的图片写入指定目录后，通过OpenCV模块开始加载图片
# 设置标签集
class_names = ['cat', 'dog']

# 加载训练好的猫狗识别数据模型
dog_cat_model = keras.models.load_model('E:/model/dog_cat.h5')
dog_cat_model.summary()
# 获取归一化处理后的图片信息
img_output = get_inputs("E:/upload/%s" % myFile.name)

# 调用模型进行预测
prediction = dog_cat_model.predict(img_output)
print(prediction)
# 解析预测结果
prediction_index = np.argmax(prediction)
# 获取结果并响应
data = {
    "result": "结果: " + class_names[prediction_index]
}
return render(request, "index.html", data)
```

启动项目，打开浏览器，输入"http://127.0.0.1:8000/goIndex/"，进入首页，如图 5-4 所示。

图 5-4　首页

单击"请选择图片"按钮，选择本地图片进行上传，单击"开始识别"按钮，进行

图片上传并识别，如图 5-5 所示。

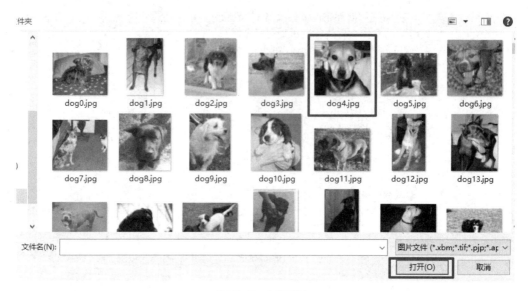

图 5-5　上传图片

单击"开始识别"按钮后，后端会调用模型开始预测，等待一段时间后，页面会刷新，识别结果也会呈现在画面中，如图 5-6 所示。

图 5-6　识别结果

任务 2　项目测试及常见问题

任务描述

在项目的实际开发过程中，难免会遇到很多问题，这里总结一下常见的问题。

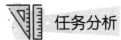

任务分析

1）技术分析
- 了解项目测试的基本流程。
- 实现项目的最终调试。

2）需要具备的职业素养
- 培养学生运用辩证唯物主义认识事物发展的思维方式。
- 培养学生认认真真、尽职尽责的敬业精神。

任务实施

在项目测试时，经常会遇到各种报错，有些是因为代码疏忽，有些则是因为逻辑错误，常见的问题及发生原因如下。

1）网页报错

在页面跳转或访问前端网页时，可能会出现网页报错的情况，如图 5-7 所示，该报错码为 404。

```
←  →  C   ①  127.0.0.1:8000/goDogAndCatIndex2

Page not found (404)

   Request Method:  GET
   Request URL:  http://127.0.0.1:8000/goDogAndCatIndex2

Using the URLconf defined in djangoProject.urls, Django tried these URL patterns, in this order:

   1. index/
   2. goDemo/
   3. getParam/
   4. goUpload/
   5. uploadFile/
   6. ajaxUploadFile/
   7. admin/
   8. goIndex/
   9. goDogAndCatIndex/
   10. upload_picture/

The current path, goDogAndCatIndex2, didn't match any of these.

You're seeing this error because you have DEBUG = True in your Django settings file. Change that to False, and Django will display a standard 404 page.
```

图 5-7　404 错误

除了 404 错误，还有 403、500 等错误，它们出现的原因和解决方案如下。

（1）403 错误：服务器拒绝请求。在 Django 框架中，403 错误往往是由跨域引起的，需要在网页中添加{% csrf_token %}来解决。

（2）404 错误：服务器找不到请求的网页。例如，用户输入的网址和路由声明的路径不匹配，或返回到模板网页的文件名与原文件名不匹配。

（3）500 错误：（服务器内部错误）服务器遇到错误，无法完成请求。例如，后台代码出现语法或者逻辑错误。

2）单击"识别"按钮后网页没有反应

若单击"识别"按钮后网页没有反应，则往往是因为 Ajax 没有成功将请求发送到服务器端，或者服务器端在 Ajax 发送请求过程中出现逻辑错误，需要通过按【F12】键打开开发者工具查看控制台，如图 5-8 所示。

图 5-8　开发者工具

3）动物识别预测结果不准确

若动物识别预测结果不准确，则往往是因为模型训练阶段出现了一些问题，常见的解决方案如下。

（1）尝试爬取不同的猫狗图片进行模型的训练和制作。

（2）多爬取一些初始图片。

（3）对训练集、验证集、测试集划分比例进行合理化，或者引入交叉验证对模型进行评估。

任务 3　项目扩展案例

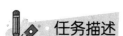

任务描述

本任务作为项目扩展案例，需要在已有开发项目的基础上引入 Ajax 引擎，通过 JS 与 JQ 基本语法，创建 Ajax 引擎，实现与后端的异步交互，提高客户端与服务器端的响应速度，加快文件的上传、识别和响应结果的速度。

任务分析

1）技术分析

● 熟悉 JS 基本语法，了解 JS 基本流程控制语言语法。

● 掌握 JS 事件的定义和函数的创建方法。

● 了解 jQuery 框架的基本语法。

● 掌握通过 jQuery 定义 Ajax 引擎的语法结构的方法。

● 了解通过 Ajax 技术实现图片的异步上传操作方法。

● 掌握创建 Ajax 引擎的几种方法。

● 掌握回调函数的定义和使用方法。

● 能够获取后端响应的 JSON 格式数据。

● 了解 JSON 数据格式的基本构成并且能够对 JSON 格式的数据进行解析。

2）需要具备的职业素养

● 培养学生资源集约利用的环保思想。

● 培养学生勇于创新的职业态度和习惯。

5.3.1 JS、JQ 语法

JavaScript（以下简称 JS）是一种具有函数优先的轻量级，解释型或即时编译型的编程语言，其主要功能如下。

（1）JS 可将动态文本嵌入 HTML 页面。

（2）JS 可对浏览器事件做出响应。

（3）JS 可对 HTML 元素进行读写操作。

（4）JS 可检测访客的浏览器信息。

（5）JS 可基于 Node.js 技术进行服务器端编程。

JS 在编写时共有两种声明手段，分别为内部样式和外部样式。

图 5-9 所示为内部样式代码，直接在网页内通过 script 标签声明 JS 代码。

```
<body>

</body>
<script>
    document.write("Hello World")
</script>
</html>
```

图 5-9　内部样式代码

图 5-10 所示为外部样式代码，单独将 JS 代码声明在 JS 文件后，通过 script 标签引入即可。

```
<body>

</body>
<script src="../static/js/demo.js"></script>
</html>
```

图 5-10　外部样式代码

JS 可以通过定义事件对用户在浏览器中的操作做出响应，一个完整的 JS 事件中主要包含以下 3 个部分。

（1）触发对象：指的是 HTML 元素，一般表示用户操作的某个标签。

（2）触发时机：又称为触发条件，指的是用户的操作方式，根据操作方式，JS 将触发条件分成了很多种类，如单击事件、双击事件、键盘事件等。

（3）触发内容：通过 function 函数声明的具体代码，表示触发事件后需要操作的内容。

例如，现在需要单击画面中的按钮，在按下按钮后弹出警告框，并显示文字"Hello World"。

通过分析可以知道，触发对象是按钮，触发条件是单击，当用户单击按钮时，调用 aa()函数，并运行函数内部的代码，这就是触发事件的完整工作流程：

```
<body>
    <!-- 触发对象 -->
    <button onclick="aa()">开始</button>
    <!-- onclick: 单击触发 -->
</body>
<script>
    //触发内容
    function aa() {
        alert("Hello World")
    }
</script>
```

JS 除了在定义事件时能与用户交互，还可以对 HTML 元素进行读写操作，通过读写操作来动态改变 HTML 画面显示的内容。这里分别从 HTML 属性和文本两个方面入手演示 JS 的读取和写入操作。

JS 可以通过给 HTML 标签添加 id 属性来读取指定标签内的属性或者文本。

读取属性：id 名.属性名。

读取文本：id 名.innerHTML。

根据文本框设置的 id 名，通过 t.value 读取文本框 value 属性的内容并弹出警告框：

```
<body>
    <input type="text" id="t" value="Hello World">
</body>
<script>
    alert(t.value)
</script>
```

根据 h1 标签设置的 id 名，通过 t.innerHTML 获取 h1 标签内部的文本信息并弹出警告框：

```
<body>
    <h1 id="t">Hello World</h1>
</body>
<script>
    alert(t.innerHTML)
</script>
```

写入操作与读取操作类似，先给标签设置 id 属性，再通过 id 名操作并进行写入。

写入属性：id 名.属性名 = 属性值。

写入文本：id 名.innerHTML = 文本值。

将 Hello World 写入文本框的 value 属性：

```
<body>
    <input type="text" id="t">
</body>
<script>
    t.value = "Hello World"
</script>
```

将 Hello World 文本写入 h1 标签：

```
<body> .
    <h1 id="t"></h1>
</body>
<script>
    t.innerHTML = "Hello World"
</script>
```

jQuery（以下简称 JQ）是一个快速、简洁的 JS 框架，是继 Prototype 之后又一个优秀的 JS 代码库。

JQ 的核心特性总结如下。

（1）具有独特的链式语法结构和短小清晰的多功能接口。

（2）具有高效灵活的 CSS 选择器，并且可对 CSS 选择器进行扩展。

（3）拥有便捷的插件扩展机制和丰富的插件。

JQ 通过$("选择器")即可指定选择器来选中某个或多个 HTML 标签，举例如下。

● $("#id 名")：id 选择器。

● $(".class 名")：class 选择器。

● $("标签名")：标签选择器。

需要注意的是，JQ 在使用前一定要引入核心 JQ 文件，并且单独声明一个额外的 script 标签编写代码，如图 5-11 所示。

```
<body>
    <input type="text" id="t">
</body>
<script src="../static/js/jquery-3.2.1.min.js"></script>
<script>
    //单独声明一个额外的script标签编写JQ代码
</script>
```

图 5-11　引入核心 JQ 文件

通过 JQ 代码读取 id 为 t 的文本框的 value 属性并弹出警告框：

```
<body>
    <input type="text" id="t" value="Hello World">
</body>
<script src="../static/js/jquery-3.2.1.min.js"></script>
<script>
    alert($("#t").val())
</script>
```

通过 JQ 代码将 Hello World 写入 id 为 t 的文本框的 value 属性：

```
<body>
    <input type="text" id="t">
</body>
<script src="../static/js/jquery-3.2.1.min.js"></script>
<script>
    $("#t").val("Hello World")
</script>
```

5.3.2　创建 Ajax 引擎实现图片的上传与识别

Ajax 不是一种新的编程语言，而是一种用于创建更好、更快、交互性更强的 Web 应用程序的技术。Ajax 在浏览器与 Web 服务器之间使用异步数据传输（HTTP 请求），这样就可使网页从服务器请求少量的信息。Ajax 引擎的创建可以基于 JS 或者 JQ，JQ 比 JS 创建 Ajax 引擎的方式更加简单快捷，本项目主要基于 JQ 创建 Ajax 引擎，将用户图片异步上传到服务端。

在之前的传统 Web 交互形式中，需要将模板对应的网页所有代码响应回客户端，客户端才能查看网页完整的代码。但是当网页内部的数据有更新时，需要重新发送最新的网页代码，这导致客户端每一次都需要接收网页所有代码，网页加载效率低下。异步处理的优势在于，只需要将变化的数据响应回客户端，并且通过 JQ 代码将数据渲染到画面中，能提高网页的加载效率。

接下来通过 Ajax 在页面不刷新的情况下将文件传送到后端并获取响应结果，在网页中编写代码，如图 5-12 所示。

```
<body>
    {% csrf_token %}
    <input type="file" id="upload">
    <br>
    <button class="add-prop">提交</button>
</body>
```

图 5-12　在网页中编写代码

在 script 标签内声明创建 Ajax 引擎的代码，准备将文件发送至服务器端：

```
<script src="../static/js/jquery-3.2.1.min.js"></script>
<script>
    $(".add-prop").click(function() {
        let upload_data = new FormData();
        upload_data.append("csrfmiddlewaretoken",
$("input[name=csrfmiddlewaretoken]").val())
        upload_data.append("picture", $("#upload")[0].files[0])
        $.ajax({
            method: "POST",
            url: "/upload_picture/",
            processData: false,
            contentType: false,
            mimeType: "multipart/form-data",
            data: upload_data,
            success: function(data) {
                $("#result").html(data)
            }
        })
    });
</script>
```

通过 JQ 创建 Ajax 引擎有多种方式，举例如下。

● \$.post()：向服务端发送 post 请求。

● \$.get()：向服务端发送 get 请求。

● \$.ajax()：完整版定义方式，可以自行设置 get 或者 post 请求，本项目主要使用此方式实现与服务端的异步交互。

JSON（JavaScript Object Notation，JS 对象简谱）是一种轻量级的数据交换格式。它基于 ECMAScript 的一个子集，采用完全独立于编程语言的文本格式来存储和表示数据，是在 Web 开发中主要用于客户端与服务端之间数据传输的一种容器。

用大括号表示 JSON 对象，大括号中的代码用来描述对象的属性，每一个属性都由键值对构成，键与值之间使用冒号连接，多个键值对之间使用逗号分隔，如图 5-13 所示。

```
<script>
    // JSON格式
    let json = {
        name: "小明",
        id: 1001,
        age: 19
    }
</script>
```

图 5-13　JSON 数据

通过 JSON 对象，键名可以解析 JSON 并提取出指定键名对应的值，如图 5-14 所示。

```
// JSON格式
let json = {
    name: "小明",
    id: 1001,
    age: 19
}
alert(json.name) //提取姓名
```

图 5-14　解析 JSON 数据

在实际 Web 开发中，有时必须以 JSON 的形式将数据从服务器发送到客户端。对于 Ajax 请求来说，JSON 是一种强制响应形式，可用于发送或检索数据。在 Django 框架中，后端响应 JSON 数据的方式一般有以下两种。

（1）使用 Django 的内置类 JsonResponse 创建 JSON 响应。

（2）使用 Django 的内置类 HttpResponse 创建 JSON 响应。

先通过 from django.http import JsonResponse 引入函数，再通过 JsonResponse() 函数将参数字段数据转换为 JSON 响应：

```
def JsonResponse(request):
    data = {
        "name": "James",
        "id": 1001,
        "age": 20
```

```
    }
    return JsonResponse(data)
```

先通过 import json 导入 json 模块，再通过 json.dumps()函数将参数字典转换为 JSON 数据，以传统方式进行响应即可：

```
def myView(request):
    data = {
        "name": "James",
        "id": 1001,
        "age": 20
    }
    return HttpResponse(json.dumps(data))
```

结合上述代码，对动物识别模型开发的前端界面和后端视图略微进行调整：

```
<body>
    {% csrf_token %}
    <input type="file" id="upload">
    <br>
    <button class="add-prop">提交</button>
</body>
<script src="../static/js/jquery-3.2.1.min.js"></script>
<script>
    $(".add-prop").click(function() {
        let upload_data = new FormData();
        upload_data.append("csrfmiddlewaretoken",
$("input[name=csrfmiddlewaretoken]").val())
        upload_data.append("myfile", $("#upload")[0].files[0])
        $.ajax({
            method: "POST",
            url: "/uploadFile/",
            processData: false,
            contentType: false,
            mimeType: "multipart/form-data",
            data: upload_data,
            success: function(data) {
                alert("结果为: " + data)
            }
        })
    });
</script>
```

后端无须通过 render 函数渲染模板，只需要将 Ajax 引擎所需的结果响应回去，Ajax 会通过 JQ 将响应的结果渲染到画面中：

```
# 声明函数接收用户上传的图片，基于训练好的H5模型进行预测并获取结果
def check_file(request):
    if request.method == "POST":
```

```
# 获取上传的文件,若没有文件,则默认为None;
myFile = request.FILES.get("picture", None)
if myFile is None:
    return HttpResponse("no files for upload!")
# 打开特定的文件进行二进制的写操作;
with open("E:/upload/%s" % myFile.name, 'wb+') as f:
    # 分块写入文件;
    for chunk in myFile.chunks():
        f.write(chunk)
print("写入成功")
# 将用户上传后的图片写入指定目录后，通过OpenCV模块加载图片
# 设置标签集
class_names = ['cat', 'dog']

# 加载训练好的猫狗识别数据模型
dog_cat_model = keras.models.load_model('E:/model/dog_cat.h5')
dog_cat_model.summary()
# 获取归一化处理后的图片信息
img_output = get_inputs("E:/upload/%s" % myFile.name)

# 调用模型进行预测
prediction = dog_cat_model.predict(img_output)
print(prediction)
# 解析预测结果
prediction_index = np.argmax(prediction)
# 获取结果并响应
return HttpResponse("结果: " + class_names[prediction_index])
```

至此，通过 Ajax 技术实现文件上传的方式介绍完毕。

任务小结

思政小结

"天育物有时，地生财有限，而人之欲无极。以有时有限奉无极之欲，而法制不生其间，则必物暴殄而财乏用矣。"这是唐朝诗人白居易的资源危机观。小到计算机资源，大到自然资源，都需要合理规划、开发与利用。

在项目的最后，需要将多模块进行整合，就如同在研制"两弹一星"的过程中，有众多部门协同作战，正因为各部门人员团结协作，群策群力，才能突破一系列关键技术难关，使中国科研能力实现了质的飞跃。

工匠精神是一种注重细节、追求卓越、坚持创新和持之以恒的职业精神。它强调个体的责任感、专注力和自律性，对于培养学生的思想道德素质和职业道德十分重要。工匠精神贯穿项目的每一个部分。

总结

　　基于深度学习技术与应用的动物识别项目已经开发完毕，这个项目的开发过程中包含了很多技术和知识。开发不只是学，更多的是练，未来道阻且长，只有不懈努力，才会成功！

反侵权盗版声明

电子工业出版社依法对本作品享有专有出版权。任何未经权利人书面许可，复制、销售或通过信息网络传播本作品的行为；歪曲、篡改、剽窃本作品的行为，均违反《中华人民共和国著作权法》，其行为人应承担相应的民事责任和行政责任，构成犯罪的，将被依法追究刑事责任。

为了维护市场秩序，保护权利人的合法权益，我社将依法查处和打击侵权盗版的单位和个人。欢迎社会各界人士积极举报侵权盗版行为，本社将奖励举报有功人员，并保证举报人的信息不被泄露。

举报电话：（010）88254396；（010）88258888

传　　真：（010）88254397

E-mail：　dbqq@phei.com.cn

通信地址：北京市万寿路 173 信箱
　　　　　电子工业出版社总编办公室

邮　　编：100036